세상의 비밀을 밝힌

과학자들

세상의 비밀을 밝힌 과학자들

박민규 지음 | 조제인 감수

과학을 사랑하는 사람으로서, 그리고 학생들에게 과학을 가르치는 사람으로서, 우리에게 과학이 어떤 가치가 있을까 생각해왔습니다. 저에게 과학은 '세상을 바라보고 설명하는 눈'이라는 의미로 다가옵니다. 그래서 과학교육의 의미는 내용적인 개념뿐만 아니라 과학적으로 사고하는 방법을 익히는 데에도 있다고 생각합니다.

우리는 살아가며 수많은 현상들을 마주합니다. '왜 그럴까?' 하는 잠깐의 의문을 그저 흘려보낼 수도 있겠지만 이유를 고민해보거나 알아보고 싶은 마음이 들기도 합니다. 과학의 역사는 이런 호기심으로 채워져 있습니다. 과학자들이란 아주 거창한 것에서 출발한 사람들이 아니라 이 세계에 깊은 호기심을 갖고 떠오른 의문을 해결하려 마음을 쏟은 사람들입니다. 또한 과학적 개념은 한순간에 탄생한 것이 아니라 과학자들이 문제를 해결한 한걸음, 한걸음이 모여 다듬어지는 것입니다. 학교에서는 주로 아름답게 다듬어진 온전한 형태의 지식을 배우고 그것을 바탕으로 문제를 해결하는 법을 익힙니다. 물론 그것은 아주 중요한 일입니다.

그러나 우리가 처음 맞닥뜨린 문제를 스스로 해결할 수 있는 힘을 기르려면, 과학 지식이 어떻게 만들어졌는지 과학의 역사와 과학자들의 삶을 들여다볼 필요가 있습니다. 이것이 바로 우리가 과학사를 알아야 하는 이유입니다.

이 책은 고대 과학자들을 비롯하여 과학과 인류의 발전에 중대한 영향을 미친 12명의 과학자들을 중심으로 이야기를 풀어나갑니다. 뉴턴과 아인슈타인처럼 여러분에게 친숙한 이름도 있고, 하비나 보어처럼 낯선 이름도 있을 것입니다. 각 장은 각각의 과학자에게 중요한 역사적 장면에서 시작됩니다. 그들이 태어나는 순간부터 연대기처럼 서술했다면 자칫 지루해질 수 있는 내용이, 의미 있는 장면에서 시작되어 흥미를 자극하고 몰입을 높입니다. 또한 시대적 배경과 그 과학자가 어떤 자료를 근거로 어떤 주장을 펼치는지 충분히 서술하고 있습니다. 새로운 생각이 탄생하기 위해서는 밑바탕이 되는 이론, 확인할 수 있는 기술, 시대적인 흐름 등이 뒷받침되어야 합니다. 이처럼 중요한 상황적 배경을 살펴

볼 수 있기에 과학 지식이 만들어지는 과정을 생생히 느낄 수 있습니다. 한편 개념적인 측면에서도 상당히 많은 내용이 다루어지고 있습니다. 교과서에 짧게 나오는 내용 하나하나를 이야기로 접하며, 중학교 과정뿐만 아니라 고등학교 과정까지의 배경지식을 쌓는 데 도움이 될 것입니다.

이 책을 읽은 뒤, 여러분이 과학자들의 삶을 보다 가까이 느끼고 과학이 생각보다 변화무쌍한 인간적인 학문임을 느낄 수 있었으면 좋겠습니다. 그리고 여러분 자신도 호기심 어린 시선으로 세상을 바라보고, 나아가 세상의 비밀을 밝힐 수 있는 과학자로 자라나길 바랍니다.

조제인 (성남 불곡고등학교 과학교사)

과학 발전이라는 릴레이 경주는 어떻게 이어져 왔을까?

"한국형 발사체 누리호(KSLV-II)가 모든 준비를 마치고 21일 오후 우주를 향해 날아오른다. 우주 발사체는 수백 명의 과학자와 기술자가 참여해 이뤄지는 거대과학(Big Science)의 진수 중 하나다." (2021.10.21. 연합뉴스)

"올해 6월 기준 185개의 코로나 백신 후보가 전임상 개발 중이다. 102개가 임상시험에 진입했으며 임상시험 중인 백신 중 19개가 mRNA 플랫폼이다. 이론상으로 따져보면 mRNA백신은 전통 백신 대비 장점이 있다." (2021.10.19. 한국 바이오협회)

"양자컴퓨팅, 뉴로모픽 컴퓨팅 등 기존 컴퓨터보다 훨씬 빠른 컴퓨터들이 등장합니다. 이는 분자 수준의 시뮬레이션과 같은 고성능 계산 능력의 강화로 이어지며, 재료 · 화학 · 의약품 등 산업 전반의 혁신을 견인할 것입니다."(2021년 맥킨지 컨설팅 발표 미래 10대 기술)

최근 뉴스에 나온 과학 관련 기사입니다. 지금 우리는 우주로 커다란 로켓을 쏘아 올리고, 유전자를 이용해 전 세계적으로 번지는 전염병을 예방하는 백신을 만들고, 눈으로 볼 수 없는 작은 입자의 특성을 이용해서 복잡한 계산을 눈 깜박할 사이에 마치는 컴퓨터를 개발하는 시대에 살고 있습니다. 이런 성과는 처음 인류가 자연의 원리에 호기심을 가지고 그 법칙을 탐구한 이래 발견한 수학, 물리학, 천문학, 화학, 생물학, 의학, 지리학, 기상학 등등 미처 다 헤아리기도 힘든 과학 지식 덕분입니다.

오늘날 과학과 기술의 발전 속도는 매우 빠릅니다. 쏟아져 나오는 새로운 이론과 적용 방법은 제대로 이해하기 어려울 정도입니다. 하지만 발전 속도가 빨라지기 시작한 지는 채 100년이 되지 않습니다. 인류는 오랫동안 끊임없이 우주, 자연, 생명의 숨은 법칙을 찾아내기 위해 노력했지만, 본격적으로 과학 지식을 쌓기 시작한 것도 300~400년 정도가 지났을 뿐입니다. 이 책은 자연의 비밀을 밝히기 위한 실마리를 찾아 나선 사

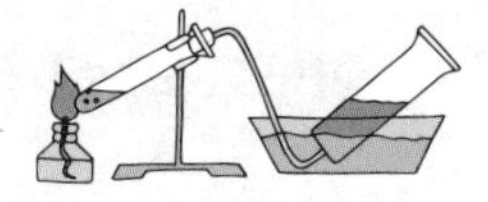

람들의 이야기입니다. 그들은 자기가 살던 시대의 지식을 바탕으로 새로운 사실을 발견하고, 다른 사람은 미처 생각해내지 못한 번뜩이는 아이디어를 세상에 알려 인류의 삶을 바꿨습니다.

과학의 발전은 앞사람이 넘긴 지식을 이어받은 다음 사람이 다시 거대한 경기장을 달리는 릴레이 경주와 같습니다. 떠오르는 해를 보고 "저 해는 어디에서 떠서 어디로 움직이는 것일까?"라는 호기심을 품은 수만 년 전의 누군가가 전한 바통은 다른 별로 날아가는 우주선이 되었습니다. 이제 바통을 이어받아 경기장을 달릴 사람은 바로 여러분입니다.

한눈에 보는 과학사

과학

물질 세계와 운동 원리를 탐구하는 **물리**

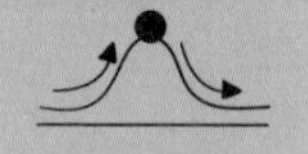

5장 아이작 뉴턴 (1643-1727)

만유인력, 관성의 법칙, 가속도의 법칙, 작용-반작용의 법칙, 빛의 성질, 미적분

7장 제임스 와트 (1736-1819)

증기 기관, 복사기, 표백제

9장 알베르트 아인슈타인 (1879-1955)

상대성이론

물질의 성분을 분석하는 **화학**

6장 앙투안 라부아지에 (1743-1794)

연소 이론, 물 분해와 합성

10장 닐스 보어 (1885-1962)

원자 모형, 양자 역학

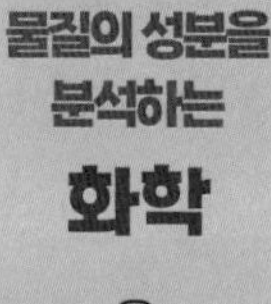

과학

생명의 기원을 연구하는 **생물**

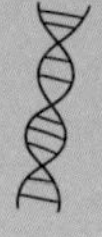

4장 윌리엄 하비 (1578-1657)
혈액 순환론

8장 찰스 다윈 (1809-1882)
진화론

11장 제임스 왓슨 (1928-)
그리고 **프랜시스 크릭** (1916-2004)
DNA의 이중나선구조

지구와 천체 우주를 관찰하는 **지구과학**

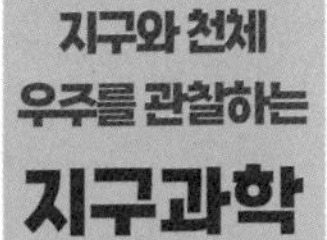

2장 니콜라우스 코페르니쿠스 (1473-1543)
지동설

3장 갈릴레오 갈릴레이 (1564-1642)
자유낙하, 관성, 포물선 운동, 지동설

12장 스티븐 호킹 (1942-2018)
빅뱅 이론, 블랙홀, 호킹 복사

차례

1장

고대 과학자들과 자연철학의 탄생

고대 문명의 탄생과 과학의 발전

수백만 년 전 처음 지구상에 모습을 드러낸 인류는 거친 환경에서 살아남아야 했다. 이들은 먹을거리를 구하기 위해 잡기 쉬운 사냥감이 많고, 먹을 수 있는 열매가 많이 열리는 장소를 찾아다녔다. 추위와 비바람을 피하고 사나운 짐승의 공격으로부터 안전한 쉼터를 만들기도 했다.

인류는 약 1만여 년 전부터 곡식을 재배하고 가축을 키우기 시작했다. 사람들이 함께 모여 살면서 마을이 생겨났고, 물자가 풍부해지면서 인구도 늘었다. 농사를 짓기 위해서는 언제 비가 오고, 언제 추위가 시작되는지를 알아야 했기 때문에 사람들은 자연의 변화를 유심히 관찰했다.

기원전 3500~3000년경에는 농사짓기 좋은 큰 강 주위에서 많은 사람이 모여 사는 도시와 문명*이 탄생했다. 사람들은 점차 구리와 주석, 철 등의 금속으로 도구와 무기를 만들었으며, 문자로 지식을 기록하기 시작했다. 숫자와 계산법도 발전해서 인구의 수를 세고, 밭의 넓이를 계산할 뿐 아니라 왕궁이나 큰 무덤 같은 건축물을 짓는 데 필요한 복잡한 계산도 할 수 있었다. 하늘을 관찰해서 한 해(1년)를 여러 개의 달로 나누고 태양과 달, 별의 움직임을 기록했다.

당시 사람들은 '신'이 세상을 만들었으며, 마음대로 자연을 변화시킨다고 믿었다. 그래서 이해하기 어려운 일이나 사람의 힘으로 감당할 수 없는 사건이 발생하면 하늘에 빌었으며, 신의 섭리는 감히 인간이 어찌할 수 없는 것으로 생각했다.

과학의 탄생, 고대 그리스의 자연철학자

기원전 600년경 그리스의 식민도시 밀레토스에서 자연을 탐구해서 세상을 이해하려는 사람들이 나타났다. 이들을 '자연철학자(natural philosopher)'라고 부른다. 자연철학자는 모든 자연 현상에는 질서와 법칙이 있으며, 인간이 합리적으로 사고하면 이 질서를 발견하고 자연의 비밀을 풀 수 있다고 믿었다.

자연철학자는 우리가 사는 세상의 구조와 특징을 알고 싶어 했다. 이

* 티그리스강과 유프라테스강 주변의 메소포타미아 문명, 나일강 주변의 이집트 문명, 인더스강 유역에서 발생한 인더스 문명, 황하강 유역에 등장한 황하 문명을 4대 문명이라고 한다.

들은 우리가 보는 것, 듣는 것, 사물의 움직임, 천체의 운동, 동물과 식물의 특징, 생명의 본질과 인체의 신비를 탐구했다. 이는 물리학, 화학, 천문학, 수학, 생물학, 의학 등 근대 학문의 뿌리가 되었다. 자연철학자는 우주가 변화하는지 아니면 변화하지 않는지, 세상 만물에는 하나의 근본 원리가 있는지 아니면 여러 원리가 있는지, 물질과 정신은 어떻게 다른지 등을 주제로 활발한 논쟁을 벌였다.

밀레토스의 학자, 만물의 근원을 찾다

자연철학자는 세상 만물을 이루고 있는 근본이 무엇인지 알고 싶어 했다. 탈레스(기원전 623?~기원전 454?)는 대표적인 자연철학자로, '최초의 철학자' 혹은 '과학의 아버지'라고 불린다. 그는 기하학의 기본 정리를 찾았으며 달을 관찰하여 일식을 예측하고 정전기를 발견했다. 탈레스는 고체(얼음), 액체(물), 기체(수증기) 상태로 자연 어디에나 존재하는 '물'이 모든 사물의 근본이라 생각했다. 그는 우리가 사는 세상도 물 위에 떠 있는 원반이라고 주장했다.

그림 1-1 탈레스

탈레스의 제자인 아낙시만드로스(기원전 610?~기원전 546?)는 근본은 다른 물질로 변할 수 있지만, 다른 물질이 변해서 근본이 될 수는 없다고 생각했다. 물로는 불을 만들 수 없

그림 1-2 '아테네 학당' 그림의 아낙시만드로스

으며, 그러므로 물은 만물의 근본이 아니라고 생각했다. 그는 영원히 존재하고 무한히 움직이는 '아페이론'이라는 것이 사물의 근본이라고 주장했다.

아낙시만드로스의 친구였던 아낙시메네스(기원전 585?~기원전 525?)는 아페이론의 개념이 너무 모호하다고 생각했다. 그는 대신 '공기'가 만물의 근본이라고 주장했다. 공기가 희박한지, 풍부한지에 따라 세상 만물이 만들어진다는 것이다.

이렇게 자연철학자들은 저마다 자연을 관찰하고, 합리적이라고 생각한 증거를 바탕으로 논쟁하면서 자신의 이론을 발전시켰다.

데모크리토스의 원자론

탈레스 이후로도 학자들은 만물의 구성 요소가 무엇인지 탐구했다. 엠페도클레스(기원전 493?~기원전 430?)는 세상의 모든 것이 '바람, 불, 물, 흙' 4가지로 이루어지며, 각 요소는 '사랑'이라는 힘으로 결합하고 '증오'에 의해 나뉜다고 주장했다.

데모크리토스(기원전 460?~기원전 380?)는 이 세계의 모든 것이 더는 쪼갤 수 없는 작은 '원자'로 이루어져 있다고 생각했다. 원자는 너무 작아 우리 눈에는 보이지 않지만, 원자가 결합하고 분리하며 모든 물질이 만들어지고 변화한다는 것이다. 그의 '원자론'은 화학과 물리학 발전의 기초가 되었다.

숫자로 신의 비밀에 다가간 피타고라스

고대 그리스의 수학자이자 철학자인 피타고라스(기원전 570?~기원전 495?)는 물질세계•가 아닌, 직접 경험하거나 느낄 수 없는 추상적인 세계로부터 근본을 찾고자 했다. 그는 세상이 숫자로 이루어져 있다고 믿었고, 그를 따르는 제자들과 함께 '피타고라스학파'라는 종교 단체를 만들어 우주의 비밀을 탐구했다. 이곳에 속한 사람들은 죽은 뒤 영혼이 다시 태어난다는 윤회를 믿었고, 고기를 먹지 않았으며, 흰옷만을 입는 등 엄격한 규칙을 지키며 함께 생활했다. 피타고라스는 수학과 음악•• 에 관한 연구를 하면 진리를 깨달아 신의 세계

그림 1-3 포로 로마노에 있는 피타고라스 석상

• 객관적으로 존재하는 사물 현상을 통틀어 이르는 말
•• 이들은 음악을 수학의 한 분야라고 생각했다.

로 들어갈 수 있다고 믿었다. 피타고라스는 자연수의 성질을 연구해서 비례*, 산술평균** 등 여러 법칙을 발견했으며, 그의 발견 중 가장 유명한 것은 '피타고라스의 정리'이다.

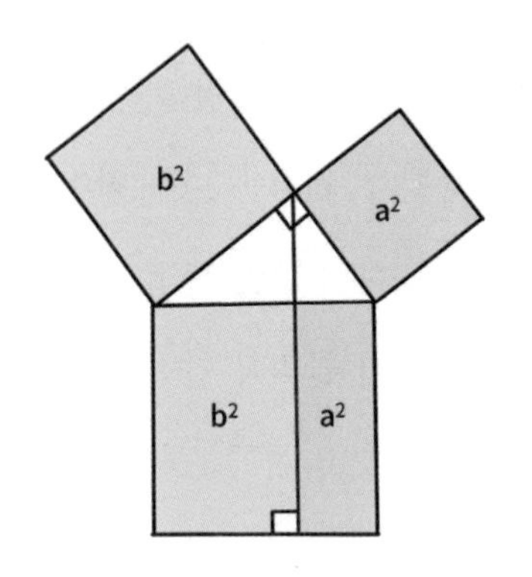

그림 1-4 피타고라스의 정리. 두 직각변에 얹힌 두 정사각형 넓이의 합은 빗변에 얹힌 정사각형의 넓이와 같다.

의학의 아버지, 히포크라테스

히포크라테스(기원전 460?~기원전 370?)는 '의학의 아버지'라고 불리는 고대 그리스의 의사이다. 그는 의사가 되기 위해 낭독하는 '히포크라테스의 선서'로 이름을 전한다.

그림 1-5 히포크라테스

히포크라테스는 생명의 근본은 액체이며, 인간의 몸은 혈액, 점액, 담즙(쓸개즙), 흑담즙 네 가지 액체로 구성되어 있다고 주장했다. 몸속에 있는 네 종류의 액체가 서로 균형을 이루면 건강한 상태이고, 그 균형이 깨지면 병에 걸린다는 것이다. 그는 사람의 신체에는 자연적으로 건강을

* 두 양이 서로 일정비율로 증가하거나 감소하는 관계
** (주어진 수의 합)÷(주어진 수의 개수) 일상생활에서의 '평균'

회복하는 치유 능력이 있다고 믿었으며 몸에 좋은 음식을 중요하게 여겼고, 약이나 수술 같은 치료는 보조 수단이라 보았다.

그때까지 사람들은 몸이 아프면 병을 낫게 해달라고 신에게 빌었다. 히포크라테스는 환자를 관찰해서 질병을 진단하고 처방하는 합리적인 의학을 시작했으며, 환자를 진료한 결과를 늘 기록해서 남기도록 했다. 기원전 3세기에는 히포크라테스가 쓴 것으로 여겨지는 글 60편을 모은 《히포크라테스 전집》이 출간되었다. 이 책은 이후 서양 의학의 뼈대가 되었다.

히포크라테스 선서

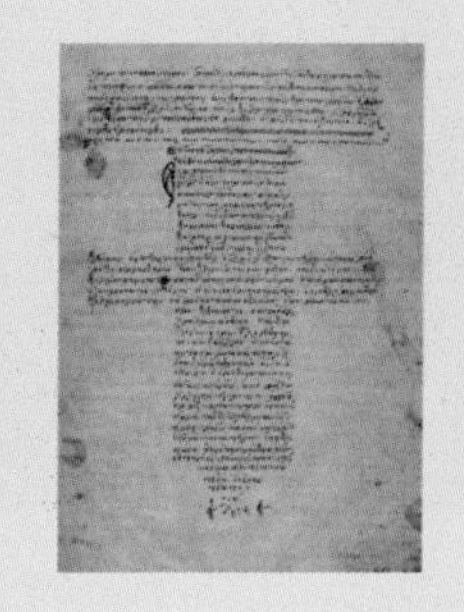

히포크라테스가 말한 의료의 윤리적 지침으로, 기원전 5~4세기 사이에 기록되었다고 알려져 있다. 의학 윤리를 담은 가장 대표적인 문서 중 하나이다. 오늘날에는 일반적으로 히포크라테스 선서를 수정한 '제네바 선언'을 낭독한다.

아리스토텔레스와 과학의 발전

지식인의 스승, 아리스토텔레스

그림 1-6 '아테네 학당' 그림의 아리스토텔레스

아리스토텔레스(기원전 384~322)는 그리스 북부 스타게이라에서 태어났다. 그의 아버지는 마케도니아의 왕을 치료하는 의사였다. 당시에는 보통 아들이 아버지의 직업을 물려받았기 때문에 아리스토텔레스도 어려서부터 생물학과 의학을 공부했다. 아리스토텔레스는 17세에 유명한 철학자 플라톤(기원전 424?~기원전 347?)* 의 제자가 되었고, 플라톤이 죽은 후에는 여러 나라를 돌아다니며 연구를 했다. 아리스토텔레스는 49세가 되던 해에 다시 아테네로 돌아와서 학생을 가르치며 평생 철학과 과학에 전념했다. 그는 자연을 관찰해서 원리를 알아내는 것을 중요하게 여겼다.

지구의 4원소와 우주의 제5원소

아리스토텔레스는 물질의 근본을 이루는 네 개의 원소 '불, 흙, 공기, 물'이 '마른, 젖은, 찬, 뜨거운' 네 가지 성질과 짝을 이뤄 만물을 이룬다고 생각했다. 불은 뜨겁고 마른 성질, 흙은 차갑고 마른 성질, 물은 차갑고 젖은 성질, 공기는 뜨겁고 젖은 성질이다. 각 원소는 모두 저마다의 고유한 위치가 있는데, 고유한 위치를 벗어난 원소는 원래 자리로 돌아가려 한다. 흙의 고유 위치는 지구의 중심이기 때문에 흙 원소를 가진 물질은 땅으로 떨어진다. 반면 불의 고유 이치는 달이 있는 하늘이기 때문에 불은 하늘로 올라간다.

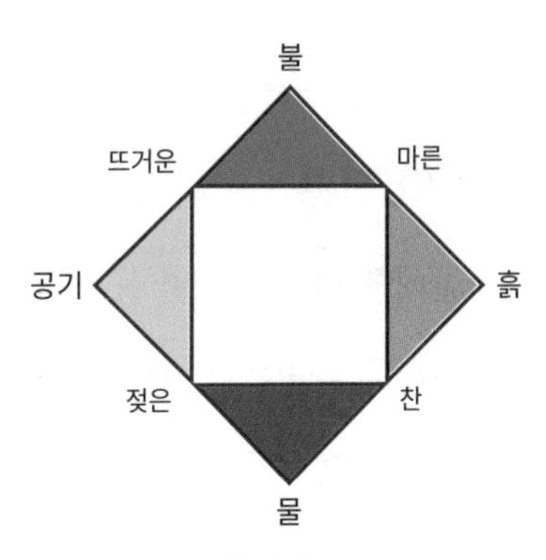

그림 1-7 물질의 근본 요소

하지만 지구 밖의 우주는 '제5원소'인 '에테르'로 이루어져 있어 지구

• 그리스의 철학자이자 사상가로 아리스토텔레스의 스승이자 서양 철학의 형성에 큰 영향을 주었다.

상의 물질과는 다르다. 제5원소는 변하지 않으며 둥글게 움직인다. 그래서 아리스토텔레스는 하늘의 별이 항상 같은 위치에서 영원히 원을 그리며 운동한다고 주장했다.

그는 지구가 우주의 중심이라고 생각했다. 왜냐하면 물체는 고유한 위치를 찾아가는데, 만일 다른 별이 우주의 중심이라면 물체는 땅으로 떨어지는 대신 하늘로 날아가야만 하기 때문이다. 아리스토텔레스의 우주관은 코페르니쿠스와 갈릴레이가 등장할 때까지 계속 이어졌다.

운동이론

물체에 힘을 가하면 움직인다. 아리스토텔레스는 이를 '비자연적인 운동'이라고 불렀는데, 이 운동의 크기는 가하는 힘에 따라 커지고, 움직임을 막는 힘이 세질수록 작아진다. 돌을 물속으로 던지면 허공에 던졌을 때보다 얼마 날아가지 못하는 것과 같은 이치다.

아리스토텔레스는 힘이 빈 공간을 넘어 전달될 수 없고, 움직이는 것과 움직임을 일으키는 것이 서로 반드시 닿아 있어야 한다고 믿었다. 즉, 돌을 던졌을 때 돌이 멀리까지 날아가는 이유는 공간을 꽉 채우고 있는 공기가 돌에 붙어 계속 힘을 전달하기 때문이라는 것이다. 그래서 아리스토텔레스는 아무것도 없는 공간인 '진공'은 존재할 수 없다고 생각했다. 그의 운동이론은 갈릴레이와 뉴턴이 등장하기 전까지 물리학의 기본 원칙이자 진리로 받아들여졌다.

생물학의 기반을 만들다

아리스토텔레스는 생명체에 관해서도 깊이 연구했다. 그는 500여 종 이상의 동물을 관찰하고 자세히 기록하였으며, 특성에 따라 분류했다. 예를 들어 우선 따뜻한 피가 있는 동물(사람, 새, 고래 등)과 없는 동물(문어, 가재 등)로 분류한 다음, 따뜻한 피를 가진 동물을 깃털이 있는 동물과 없는 동물로 나누었다. 이처럼 생물을 특징에 따라 분류하는 학문을 '분류학'이라고 하는데, 분류학은 생물학 연구의 밑바탕이다. 아리스토텔레스는 이러한 분류 방법을 식물 분류에도 응용했으며, 그의 분류법은 18세기까지 사용되었다.

다른 연구들

아리스토텔레스는 태양의 빛이 어둠의 성질을 받아들여 여러 가지 색으로 나타난다는 광학 이론을 펼쳤으며, 자연을 관찰해서 날씨의 변화를 해석했다. 또한 그는 모든 금속은 성분이 비슷하기 때문에 다른 금속으로 변할 수 있다고 생각했는데, 이 주장은 납, 철과 같은 금속을 금이나 은으로 바꾸려는 '연금술'의 출발점이었다. 연금술은 근대 화학의 시초가 되었다.

이처럼 고대 과학을 총정리한 아리스토텔레스는 서구 문명 발전에 막대한 영향을 미쳤다. 그의 연구는 철학, 논리학, 정치학, 수사학, 문학, 심리학은 물론 천문학, 물리학, 생물학, 화학, 기상학까지 영향을 미치지 않은 곳이 없으며, 그의 이론은 이후로 천년도 넘게 학문의 세계를 주름잡았다.

아리스토텔레스 이후의 고대 과학자

아르키메데스, 뛰어난 학자이자 발명가

아르키메데스(기원전 287?~212?)는 아리스토텔레스 이후의 대표적인 과학자이며 발명가로도 유명하다. 그는 물리학과 수학에 특히 뛰어났는데, 불규칙하게 생긴 물체의 부피를 측정하는 방법을 발견한 것으로 잘 알려졌다. 당시 왕이 순금으로 만든 왕관에 은이 섞여 있는지 알아보도록 했는데, 이 문제를 해결하기 위해 고민하던 아르키메데스는 목욕하기 위해 탕에 들어가다

그림 1-8 아르키메데스의 초상화

가 물이 차오르는 것을 보고 영감을 얻었다. 그는 같은 무게의 물체라도 물체를 구성하고 있는 물질이 다르면 넘치는 물의 양이 다르다는 원리를 이용해서 왕관에 금이 아닌 다른 물질이 섞여 있음을 증명했다. 그는 또한 지렛대의 원리를 밝히고 "적당한 장소가 있으면 지구도 들 수 있다"라는 말을 남겼다고도 한다.

아르키메데스는 물을 퍼 올리는 양수기를 비롯해 일상생활에 도움을 주는 기계를 발명했다. 커다란 배와 무기도 만들어냈는데, 거울로 태양빛을 반사해 공격해 오는 적의 배에 불을 붙여서 물리쳤다는 이야기도 있다.

아르키메데스는 수학에도 뛰어나 곡선과 직선으로 이루어진 부분의 면적을 구하고 원주율*의 값을 계산하는 방법을 찾아냈다. 그는 살던 도시가 함락될 때 쳐들어온 로마 군인에 의해 살해되었다고 전해진다.

프톨레마이오스, 천동설을 완성하다

고대 그리스의 수학자이자 천문학자인 프톨레마이오스(83?~168?)는 당시 천문학 이론을 종합해서 하늘과 지구는 모두 둥근 모양이며 우주의 중심인 지구는 움직이지 않고 다른 별들이 지구를 중심으로 원운동

* 파이(π). 원의 지름에 대한 둘레의 비율

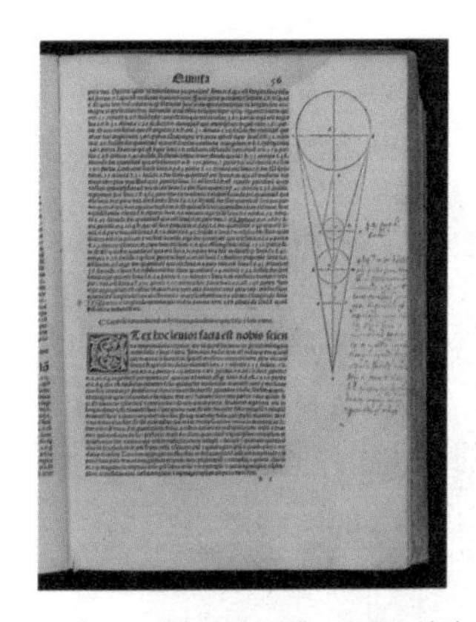

그림 1-9 《알마게스트》 56쪽, 히파르코스에 의해 지구로부터의 태양과 달의 거리를 계산하는 데 사용된 지구중심적 구조이다.

을 한다는, 지구 중심의 천문학 이론 '천동설'을 만들었다. 천동설은 아리스토텔레스의 주장을 이어받은 것으로, 수학적으로 정교했고 실제 행성의 움직임을 잘 예측했다. 또한 천동설은 당시 사람들의 우주관과도 잘 맞아서 오랫동안 진리로 통했다. 별의 움직임에 대한 계산을 모아 놓은 프톨레마이오스의 책 《알마게스트》는 서양은 물론 이슬람 지역에서까지 천여 년 이상 가장 권위 있는 천문학 교과서로 명성을 떨쳤다.

유클리드, 기하학을 정리하다

그림 1-10 유클리드

수학자인 유클리드는 당시 가장 뛰어난 학자들이 모여든 알렉산드리아 도서관에서 연구했다. 그는 수백 년간 내려온 그리스 기하학** 지식을 체계적으로 정리한 13권의 책 《기하학 원론》으로 유명하다. 이 책에는 다각형, 비례, 피타고라스의 정리 등의 내용이 실려 있는데,

** 도형 및 그것이 차지하는 공간의 성질에 관해 연구하는 수학의 한 부분

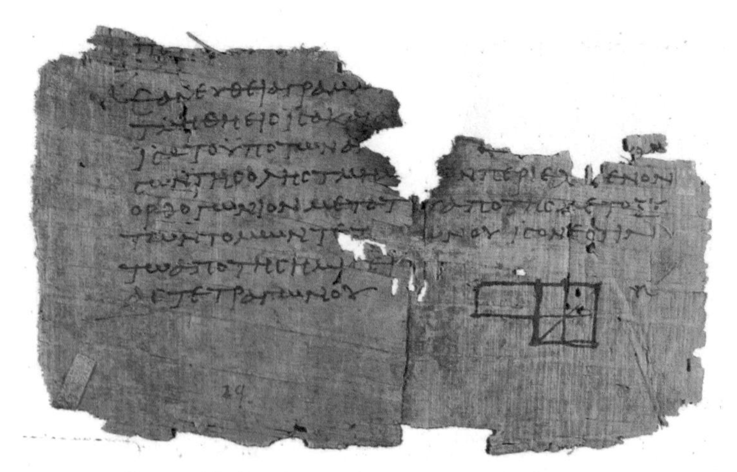

그림 1-11 현존하는 가장 오래된 《기하학 원론》의 일부

유클리드는 몇 개의 원리에서 수많은 명제*를 찾아냈다. 유클리드의 기하학은 19세기까지 기하학의 모든 것이었으며 그가 소개한 풀이 방법 중 몇몇은 지금도 사용하고 있다. 어느 날 왕이 유클리드에게 기하학을 빠르게 배우는 방법이 있는지 묻자 "기하학에는 왕을 위한 방법이 따로 없다"라고 이야기했다는 일화가 전해진다.

갈레노스, 히포크라테스를 이은 최고의 의학자

갈레노스(129?~199?)는 그리스 북부 페르가몬 출신 의사로 각지를 여행하면서 의술을 갈고 닦았고, 이름난 사람의 병을 치료해서 유명해졌다.

* 참인지 거짓인지를 명확하게 밝힐 수 있는 문장이나 수식

그림 1-12 18세기에 그린 갈레노스 초상

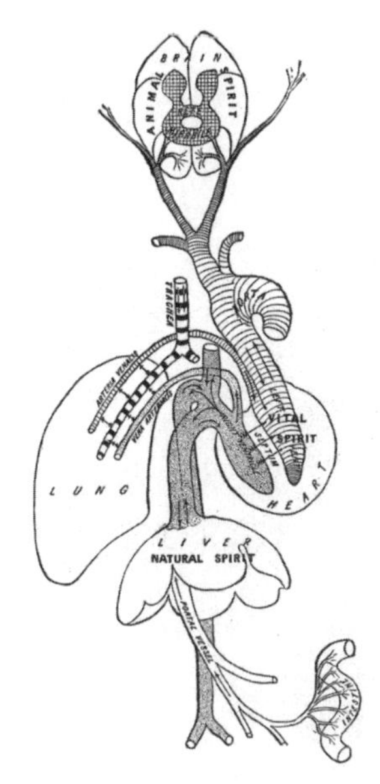

그림 1-13 갈레노스가 생각했던 인체 장기 구조

갈레노스는 아리스토텔레스를 따라 해부학과 생리학을 연구했으며, 히포크라테스의 체액설을 이어받았다. 그는 신체의 중요한 세 가지 기능, 즉 소화, 호흡, 신경을 체계적으로 설명하는 이론을 만들었다. 갈레노스는 음식을 먹으면 간이 음식물을 혈액으로 바꾼다고 생각했다. 그리고 혈액은 심장을 통과하면서 얻은 생명의 기운을 온몸에 퍼트린다고 믿었다. 그는 동물 해부를 통해 이론을 입증하려 했다. 또한 갈레노스는 식물, 동물, 광물 중 약으로 사용할 수 있는 것을 찾아 수백 종의 약물을 소개했으며, 약을 사용해서 치료하는 방법도 자세히 설명했다. 갈레노스가 만든 의학 체계는 17세기까지 모든 의학의 모범이었다.

기독교의 융성과 학문 중심지의 이동

그리스의 과학은 지중해와 유럽에 걸쳐 거대한 제국을 건설했던 로마로 이어졌다. 하지만 기독교가 로마의 국교가 된 후 고대 그리스의 학문은 이단으로 몰렸다. 그래서 많은 과학자가 로마를 떠나 동쪽으로 이동했다.

이슬람 학문의 황금시대

예언자 무함마드의 이슬람교는 이집트 북부, 아프리카, 유럽의 이베리아 반도에 이르는 대제국을 건설한다. 경전 《꾸란》에서 "학자의 잉크가 순교자의 피보다 더 성스럽다"라는 가르침을 전할 정도로 학문을 중요하게 생각한 이슬람은 종교와 관계없이 학자를 불러 모았다. 이들은 그리스, 로마의 고전을 수집해서 번역하고 수학, 화학, 의학, 천문학 등을 연구했다.

학문과 책을 사랑한 이슬람의 지도자 알 마문(786~833)은 바그다드에 '지혜의 집'을 만들어 책을 모으고 학자를 불러들였으며 알 마문의 지원에 힘입어 바그다드는 경제, 문화, 학문의 중심지가 되었다. 9~10세기는 '위대

그림 1-14 지혜의 집

한 이슬람 학문의 시대'로 수학, 연금술(화학), 광학, 의학, 생물학 등 여러 학문이 발전했다.

다시 유럽으로 전해진 과학과 르네상스

이슬람 제국은 유럽의 이베리아반도(지금의 포르투갈, 스페인, 프랑스 남부)까지 세력을 넓혔다. 스페인 코르도바의 대학과 도서관에서는 유럽 출신의 학생들도 공부했고, 이들을 통해 그리스의 고전 학문이 유럽에 전해졌다.

또한 유럽 여러 나라는 11세기부터 14세기 사이 기독교의 성지인 예루살렘을 두고 십자군 전쟁을 일으켜 이슬람과 싸웠다. 전쟁으로 발생한 접촉으로 인해 자연스럽게 이슬람의 과학이 유럽으로 흘러 들어갔다.

12세기, 13세기에 걸쳐 유럽에서도 기독교의 영향력이 줄어들면서 다시 학문이 부흥하고 대학이 생겨났으며 이슬람에서 전해진 고전을 라틴어로 번역하여 공부했다.

14세기경 이탈리아를 시작으로 그리스, 로마의 고전을 연구하고 가르치는 르네상스가 시작되었다. 종교개혁으로 새로운 사상과 철학이 등장하면서 유럽은 새로운 과학 혁명의 시대를 맞이하게 되었다.

도움닫기

과학이라는 말은 어디서 나왔을까?

현대 대학의 학과 분류를 살펴보면 철학과 과학이 전혀 다른 분야처럼 보인다. 하지만 19세기 이전까지는 지금처럼 학문을 분야별로 뚜렷하게 나누지 않았다. 철학은 영어로 필로소피(Philosophy)인데, 본래 그리스어로 '지혜(Sophia)를 사랑한다(Philo)'는 뜻이다. 철학은 이름 그대로 지식 탐구의 대상을 따로 구별하지 않았다. 그래서 고대 철학자는 철학, 윤리학뿐 아니라 물리학, 화학, 의학, 수학 등을 두루 연구했다.

고대 이후 학문의 뿌리를 내린 아리스토텔레스는 '자연에 존재하는 것 너머의 하나뿐인 근본'을 탐구하는 것을 '첫 번째 철학(The First Philosophy)'이라고 이름을 붙였다. 그리고 자연의 존재인 지구, 동물, 식물 등 피지카(Physika)의 현상과 법칙에 관한 지식은 '자연 철학(Natural Philosophy)'이라 했다.

오늘날 과학을 뜻하는 영어 사이언스(Science)는 '지식, 전문성, 하나를 다른 것과 나눈다'는 뜻의 라틴어에서 출발했다. 14~15세기에 들어서면 '체계적인 관찰이나 실험을 통해 얻은 특정한 분야의 지식'이라는 의미로 사용되었다. 17~18세기에는 'Science'와 'Art(예술)'를 구분하기 시작했다. 음악, 미술, 문학 등은 본래 Science에 속했지만 이때부터 Art로 분류되었다. 19세기 이후 과학이 물리학, 화학, 생물학으로 보다 세분화되어 발전하고 연구를 위한 실험 방법이 정교해지면서 물리적 세상의 현상을 관찰하고 실험을 통해 법칙을 찾아내는 것을 'Science'라고 했다.

19세기 이후 일본은 서양 문물을 받아들였다. 이때 'Science'를 '과학(科學)'이라고 번역했다. 이는 '여러 과목의 학문'이라는 뜻인데, 우리나라서도 이 말을 그대로 사용했다. 사실 이 '과학'이라는 이름으로는 Science가 원래 담고 있던 지식, 학문, 기술 등의 의미가 잘 전달되지 않는다.

과학은 물리학, 화학, 천문학, 생물학, 수학 등의 '자연과학'과 정치학, 심리학, 사회학, 인류학 등의 '사회과학' 으로 분류하기도 한다. 또 자연과학에서도 살아있는 생명 현상 을 다루는 생물학, 생리학, 의학 등을 '생명과학'이라고 따로 나누기도 한다.

2장

태양을 중심으로 지구가 돈다

니콜라우스 코페르니쿠스

Nicolaus Copernicus, 1473~1543

1574년, 독일 출신의 젊은 수학자 발렌티누스 오토는 유명한 수학자이자 천문학자인 게오르그 요아킴 레티쿠스를 만났다. 레티쿠스는 처음에 오토에게 관심을 보이지 않았지만, 오토가 "배움을 위해 선생님을 찾아왔다"라고 밝히자 입을 열었다.

"내가 코페르니쿠스를 방문했던 때가 당신 나이였어요. 그때 내가 찾아가지 않았다면 코페르니쿠스의 연구는 세상에 알려지지 않았을 거요."

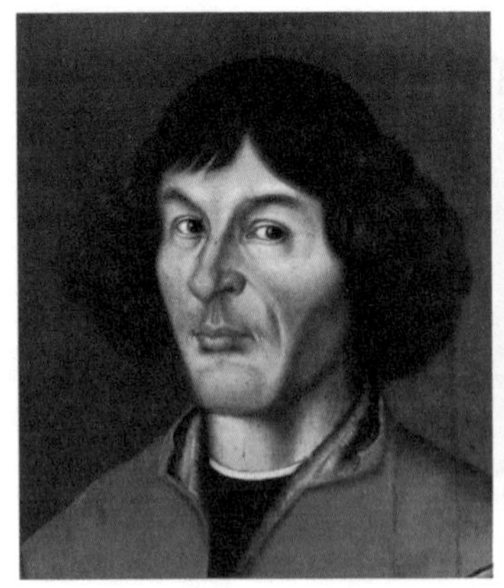

그림 2-1 니콜라우스 코페르니쿠스(왼쪽)와 요아킴 레티쿠스(오른쪽)

오토와 만나기 35년 전인 1539년, 독일 비텐베르크 대학의 교수가 된 레티쿠스는 지구와 별의 움직임에 관한 독특한 이론을 주장하는 사람이 있다는 소문을 듣고 폴란드 북부로 코페르니쿠스를 찾아갔다. 그는 다른 학자들이 써준 추천서와 몇 권의 책을 선물로 들고 갔는데, 누군가 자신을 찾아오리라고는 생각지도 못했던 코페르니쿠스는 레티쿠스의 방문에 깜짝 놀랐다.

레티쿠스는 25세의 젊은 학자였고 코페르니쿠스는 66세의 노인이었다. 또한 레티쿠스는 종교개혁의 선구자 마르틴 루터의 사상을 따르는 루터파 개신교 신자였고, 코페르니쿠스는 가톨릭교회의 성당 운영을 담당하는 고위 성직자였다. 이처럼 두 사람에게는 많은 차이점이 있었지만 천문학과 수학을 사랑한다는 공통점도 있었다.

코페르니쿠스의 이론에 심취한 레티쿠스는 2년간 프라우엔부르크에 머물면서 코페르니쿠스의 제자이면서 조수 역할을 했다. 레티쿠스는 코페르니쿠스에게 이론을 정리해서 책으로 펴내자고 설득했다. 하지만 코페르니쿠스는 주저했다. 그는 자기의 이론이 경건한 신앙을 가진 사람들에게 상처를 줄까 봐 걱정했고, 사람들의 분노를 일으킬 것이라며 두려워했다.

코페르니쿠스는 한적한 곳에서 고요한 삶을 보내기를 꿈꿨지만 주위 사람들의 설득으로 마침내 책을 쓰기로 마음먹었다. 특히 절친한 친구이자 가톨릭 주교였던 티더만 기세가 코페르니쿠스에게 책을 펴낼 것을 여러 번 권했다. 코페르니쿠스의 원고를 정리해서 책으로 만들던 레티쿠스는 도중에 대학으로 돌아가야 했지만, 레티쿠스의 스승이자 루터파 교회의 지도자였던 안드레아스 오시안더가 책의 출판을 맡았다. 마침내 1543년, 수천 년간 이어진 고대의 우주관에서 벗어난 새로운 생각을 담은 《천구의 회전에 관하여》가 세상의 빛을 보게 되었고, 코페르니쿠스는 이 책으로 근대 과학 혁명의 선구자로 자리 잡았다.

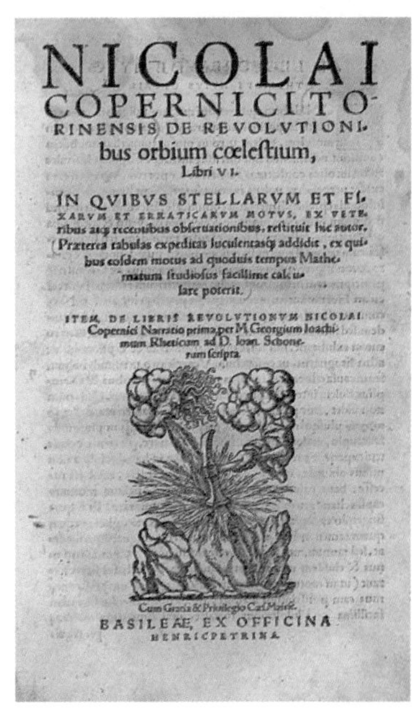
NICOLAI
COPERNICI TO-
RINENSIS DE REVOLVTIONI-
bus orbium cœlestium,
Libri VI.

IN QVIBVS STELLARVM ET FI-
XARVM ET ERRATICARVM MOTVS, EX VETE-
ribus atq; recentibus obseruationibus, restituit hic autor.
Præterea tabulas expeditas luculentasq; addidit, ex qui-
bus eosdem motus ad quoduis tempus Mathe-
matum studiosus facillime calcu-
lare poterit.

ITEM, DE LIBRIS REVOLVTIONVM NICOLAI
Copernici Narratio prima, per M. Georgium Ioachi-
mum Rheticum ad D. Ioan. Schone-
rum scripta.

Cum Gratia & Privilegio Cæs. Maiest.
BASILEAE, EX OFFICINA
HENRICPETRINA.

그림 2-2 1566년 출판된 《천구의 회전에 관하여》 표지

격변하는 유럽

대항해 시대

코페르니쿠스가 살았던 시기의 유럽은 커다란 변화를 맞이하고 있었다. 당시 유럽에서는 후추, 계피, 생강, 육두구* 와 같은 향신료의 인기가 높았다. 그런데 향신료는 주로 동남아시아와 인도에서 많이 나서 유럽까지 가져가기 힘들었다. 사막을 건너고 산맥을 넘는 데는 시간과 비용이 많이 들었고, 한 번에 옮기는 양도 적어서 향신료는 값이 매우 비쌌다.

또한 유럽에서는 금도 매우 귀했다. 유럽으로 들어오는 금은 주로 아

* 인도네시아가 원산지인 향신료. 너트멕, 넛맥이라고도 하는데 '사향 냄새가 나는 호두'라는 뜻이다.

프리카에서 나왔다. 금이 많이 나는 지역을 알게 된 유럽 국가들은 직접 금 산지로 가서 무역을 하고 싶어 했다. 게다가 기독교를 다른 지역에 전파하려는 종교적 열망까지 겹치며 유럽은 한 번도 가보지 않은 바다를 지나 새로운 세상으로 나아가는 '대항해 시대'를 맞이했다.

이러한 시대의 변화에 따라 항해에 필요한 기술과 학문이 더욱 중요해졌다. 바다에서는 태양과 별의 움직임을 관측해서 배의 현재 위치와 항해 방향을 알아내야 했기 때문에 천문학이 발전했다. 과거에는 지구가 평평하거나 물 위에 반쯤 잠긴 채 떠 있는 형태라고 생각했다. 그러나 이 시기에 콜럼버스는 대서양을 건너 아메리카 대륙을 발견했고, 바스쿠 다 가마는 인도에 이르는 바닷길을 개척했으며, 마젤란은 배를 타고 세계를 한 바퀴 돌았다. 사람들은 점차 지구가 물과 땅이 함께 있는 둥근 모양이라는 생각에 동의하기 시작했다.

르네상스

14세기경 이탈리아를 시작으로 고대 그리스와 로마의 문화와 예술이 다시 살아나기 시작했다. 무역이 활발해져 상업에 종사하는 사람들은 부유해졌고 도시는 발달해서 정치, 사회, 문화의 중심지가 되었다. 여유가 생긴 사람들은 엄격한 교회 규칙을 따르기보다는 자유로운 사상과 문화생활을 원했는데, 이 시기를 르네상스(renaissance)라고 한다. 르네상스는 프랑스어로 '다시 태어난다'는 의미로, 우리말로는 문예 부흥이라고 한다. 서양의 고전 문화가 중세 천여 년간 숨죽이고 있다가 다시 꽃피웠다는 뜻이다.

과학계도 그때까지 권위있는 이론이라면 무조건 진리로 받아들이던 분위기에서 벗어나 자연을 관찰하고 스스로 답을 찾아가는 풍토가 싹텄다. 그리고 과학자들은 스스로 문명을 창조할 수 있다는 자신감도 얻었다.

종교개혁과 인쇄술

중세의 기독교와 교회는 신의 말씀을 전하는 것보다 세속의 권력과 돈에 관심을 가지고 농민을 착취했다. 이를 대표하는 것은 '면벌부'였다. 기독교 교리에 따르면 죄를 지은 사람은 그에 합당한 벌을 받아야 천국에 갈 수 있다. 그런데 교회에서는 돈을 내고 면벌부를 사면 죄를 지어도 고통스러운 벌을 받지 않고 천국에 갈 수 있다고 선전하면서, 독일 각 지역을 돌아다니며 면벌부를 팔았다.

면벌부 판매를 계기로 일부 성직자들이 기존 교회에 반대하며 새로운 교회를 만들기 위해 나섰다. 독일 작센 지역 비텐베르크 대학 신학 교수였던 마르틴 루터는 1517년 면벌부 판매를 비판하는 95조의 반박문을 발표했고 이 글은 독일 각지로 퍼져나가 큰 반향을 불러일으켰다. 교황은 루터를 이단자로 몰고 독일 황제는 그의 모든 법적 권리를 박탈했지만, 루터는 그를 지지하는 이들의 도움을 받아 숨어 지내며 성경을 독일어로 번역했다.

그림 2-3 면벌부를 파는 장면을 그린 그림. 오른쪽 기둥에 면벌부가 매달려 있다.

특히 1439년 독일의 구텐베르크가 인쇄 기계를 발명하여 전보다 쉽게 책을 만들어 보급할 수 있게 되면서 루터가 번역한 성경은 널리 퍼졌고, 루터의 생각을 따르는 사람들은 루터파 교회를 만들었다. 기존 교회에 반대하고 새로운 모습으로 교회를 바꾸려는 커다란 움직임을 '종교개혁'이라고 하는데, 새롭게 만들어진 교회를 개신교 혹은 신교, 로마 시대부터 이어진 기존 교회를 구교 또는 가톨릭이라고 부른다. 루터파 외에도 많은 개신교 교회가 생겨나면서 그때까지의 가톨릭 중심의 사회 질서가 변화하기 시작했다.

코페르니쿠스적 전환

누구나 믿고 있던 생각을 뿌리부터 뒤흔드는 새로운 발상을 '코페르니쿠스적 전환'이라고 한다. 코페르니쿠스가 세운 이론은 그만큼 사람들이 믿던 세상의 질서를 부수고 새로운 생각을 이끌었다. 코페르니쿠스는 '지구는 태양을 중심으로 돈다'라는 지동설(태양중심설)을 주장했다. 지금은 지동설이 상식으로 받아들여지지만 당시에는 신과 우주와 인간의 관계를 모두 뒤집어버릴 만한 이론이었다.

우주를 탐구하며 보낸 조용한 생애

코페르니쿠스는 1473년 폴란드의 토룬에서 태어났다. 코페르니쿠스가

열 살 때 아버지가 돌아가셨지만, 당시 고위 성직자였던 외삼촌의 도움으로 어려움 없이 공부를 할 수 있었다. 코페르니쿠스는 1491년에 크라쿠프 대학에 입학해서 수학과 천문학의 기초를 닦았으며, 1495년에는 성직자가 되기 위해 이탈리아로 유학을 떠나 볼로냐 대학에서 교회법을 공부했다.

그림 2-4 코페르니쿠스의 생가

코페르니쿠스는 볼로냐 대학 천문학과 교수의 집에서 하숙하면서 틈틈이 천문학 지식을 쌓았다. 교회법 공부를 마치고는 파도바 대학에서 의학을 공부하고, 1503년 외삼촌이 대주교로 있는 바르미아로 가서 대주교의 비서이자 의사로 일했다. 이 때에도 천문학 연구를 손에서 놓지 않았던 코페르니쿠스는 1510년 우주에 관한 생각을 짧게 정리한 글을 썼다. 그는 이미 이 때 지구는 우주의 중심이 아니고, 지구가 고정된 축을 중심으로 자전하며, 행성의 역행운동이 지구의 움직임 때문이라는 지동설의 기본 생각을 밝혔다. 1512년 외삼촌이 세상을 떠난 후 코페르니쿠스는 프라우엔부르크 성당을 운영하는 참사회원으로 일하면서 본격적으로 천문학 연구에 몰두했다. 그의 주장에 동의하는 몇몇 주변 사람들은 코페르니쿠스의 연구를 세상에 알리고 싶어 했다. 그러던 중 레티쿠스와의 만남을 계기로 《천구의 회전에 관하여》가 세상에 모습을 보이게 되었다.

조심스럽게 접근하다

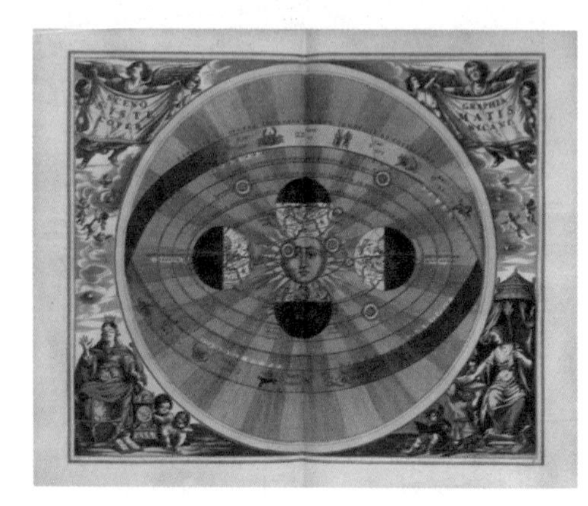

그림 2-5 태양을 중심으로 하는 지동설 그림

지구가 우주의 중심이 아니라는 주장은 '신이 인간을 위해 우주를 창조했다'는 기독교의 믿음과는 차이가 있었다. 또한 지구도 하나의 행성이고, 지구와 같은 행성이 여럿 있다면 우주에는 인간이 아닌 다른 생명체도 있을 수 있다는 이야기였다. 이 생각은 천여 년간 이어진 인간과 세상, 신에 대한 믿음을 뒤흔들 만큼 위험했다. 출판을 책임졌던 오시안더는 코페르니쿠스의 책이 사회에 가져올 충격을 알고 있었다. 그는 이 충격을 대비하고자 코페르니쿠스에게는 이야기하지 않고 책의 시작 부분에 자기가 글을 덧붙였다.

"이 가설(이론)은 반드시 진실이거나 그럴듯해 보일 필요는 없다. 이 이론은 관찰과 잘 들어맞는 계산 방법을 제공하는 것만으로도 충분하다."

-《천구의 회전에 관하여》 중 오시안더의 서문에서-

오시안더는 코페르니쿠스의 책이 우주관, 철학, 신학에 관한 내용이 아니라 단순히 별의 움직임을 잘 계산하는 기술만 다룬 것처럼 소개했다. 하지만 오시안더가 마음대로 더한 글을 보고 티더만은 사기 범죄라고 화를 냈고, 레티쿠스는 책을 받은 후 오시안더가 쓴 글에 빨간 색연필로 크게 X를 쳤다.

오시안더의 글 덕분인지, 아니면 책이 너무 어렵고 지루해서인지 코페르니쿠스의 책은 처음 출간되었을 때부터 큰 관심을 얻지는 못했다. 책이 나온 그해 말 세상을 뜬 코페르니쿠스는 자신의 연구가 세상에 얼마나 큰 영향을 미쳤는지 알지 못했다.

고대의 우주관과 프톨레마이오스의 지구 중심설

그때까지 사람들은 고대 아리스토텔레스의 우주관을 믿었다. 여러 겹의 둥근 천구가 지구를 둘러싸고 있으며, 천구 위에 있는 별들이 항상 동일한 속도로 원을 그린다는 것이었다. 이 우주관을 중심으로 프톨레마이오스가 별의 움직임을 계산하고 예측했는데, 이를 '천동설(지구 중심설)'이라

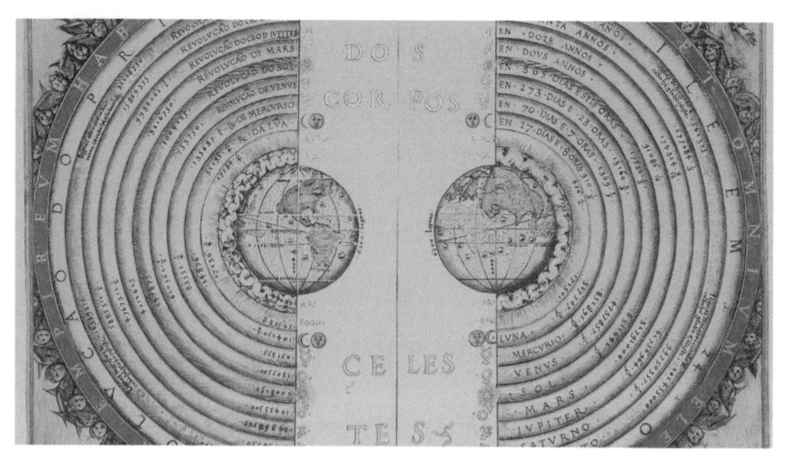

그림 2-6 16세기 지구 중심설에 따라 그린 지구와 다른 행성들

고 한다. 지구 중심설은 중세 교회의 믿음과도 잘 맞았다. 당시 성경에 기록된 내용은 누구도 부정할 수 없었다. 성경에는 이스라엘 군대를 지휘하는 여호수아가 다른 부족과의 전투 도중 신에게 해와 달이 그 자리에 머물러 있도록 해 달라 기도했다고 기록되어 있다.

"해야, 기브온 위에, 달아, 아얄론 골짜기 위에 그대로 서 있어라."(여호수아기 10장)

만일 지구가 태양을 돌고 있다면 '지구야 멈추어라'라고 했을 것이다. 여호수아가 '해야, 달아 멈추어라'라고 기도한 것은 지구를 중심으로 태양과 다른 별들이 돌고 있다는, 당시로서는 뚜렷한 증거였다.

우주관을 위한 천문학

그런데 천문학자들이 아리스토텔레스의 우주관으로 설명하기 어려운 현상을 관찰했다. 만일 지구를 중심으로 별이 원을 그리며 돌고 있다면 별은 항상 같은 방향으로 일정한 속도로 움직이고, 지구에서 별까지의 거리는 언제나 같아야 한다.

하지만 별은 때로는 더 크고 밝게 보이고(가까워지고), 때로는 더 빠르게 움직였다. 그뿐만 아니라 한 방향으로 잘 가다가(순행) 갑자기 반대 방

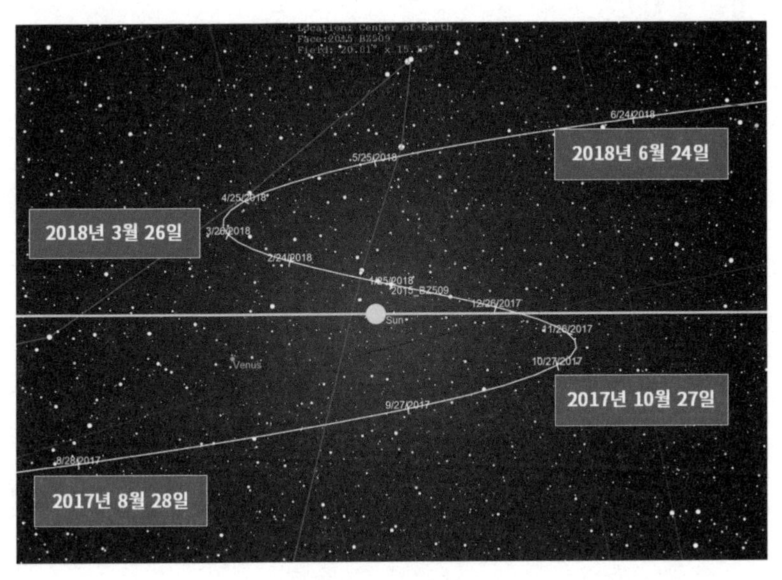

그림 2-7 별의 역행운동. 흰색 선은 행성의 움직임을 한 달 간격으로 관찰한 것이다. 사진의 오른쪽으로 움직이던 행성은 2017년 10월에 반대 방향으로 이동하기 시작했다가 2018년 3월에는 다시 원래 방향으로 움직인다. 가운데 보이는 노란 선은 태양의 움직임으로, 일정하게 움직이는 것을 알 수 있다.

향으로 가고(역행), 다시 원래 방향으로 가는 이상한 움직임을 보였다. 고대 이집트인들은 순행과 역행을 반복하는 별을 보고 '별이 술에 취했다'라고 표현했다.

천문학자들은 관찰한 현상을 기존 우주관에 따라 설명하기 위해 노력했다. 지구에서 바라보는 별의 크기, 즉 지구로부터 별까지의 거리가 달라지는 현상을 설명하기 위해 과학자들은 그림 2-8처럼 별이 도는 원 궤도의 중심을 지구가 아닌, 지구에서 살짝 떨어진 곳으로 옮기고 '이심'이라고 불렀다. 그러면 지구에서 바라보는 별의 크기가 변화하는 현상을 설명할 수 있었다.

또한 별의 역행과 움직이는 속도의 변화를 설명하기 위해 '별은 지구를 중심으로 큰 원(대원)을 그리며 돌면서 동시에 자신만의 작은 원(주전원)을 따라 움직인다'라고 가정했다. 이때 지구를 주심으로 하는 큰 원을 '대원', 작은 원을 '주전원'이라고 한다.

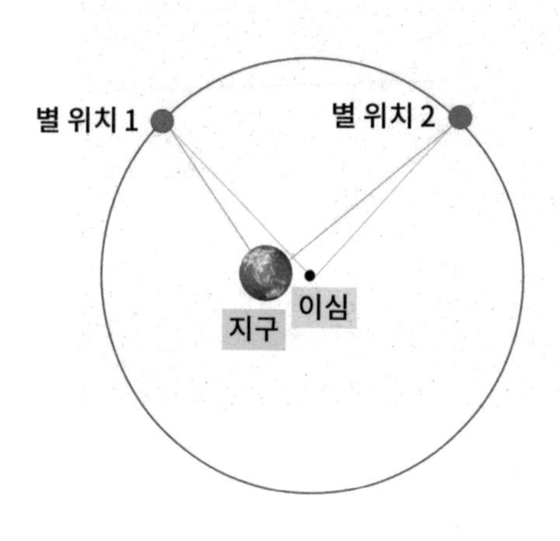

그림 2-8 지구 둘레를 도는 별의 중심인 이심

별은 주전원을 돌면서 동시에 대원을 돌기 때문에 대원을 도는 방향(검은 화살표)과 주전원을 도는 방향(붉은 화살표)이 서로 반대가 된다. 이때 주전원을 도는 속도가 대원을 도는 속도보다 빠르다면 별은 역행하게 된다.

그리고 별이 움직이는 속도가 항상 동일해 보이는 '동시심'이라는 가상의 위치가 이심을 가운데 두고 지구와 반대편에 있다고 가정했다. 이런 식으로 천동설은 아리스토텔레스의 우주관을 벗어나지 않고서 별의 움직임을 설명하려 애썼다.

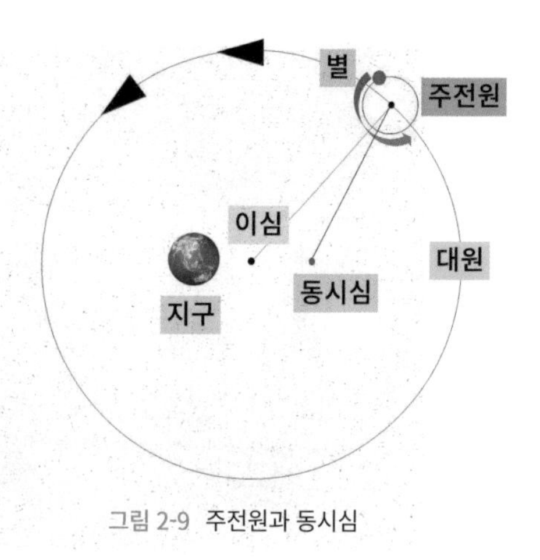

그림 2-9 주전원과 동시심

지구가 아니라 태양이 중심이라면

코페르니쿠스는 수성, 화성, 금성 등의 행성이 지구가 아닌 태양을 중심으로 돌고 있다고 가정해 보았다. 지구도 다른 행성들과 마찬가지로 태양을 중심으로 원을 그리고(공전), 24시간을 주기로 스스로 회전(자전)하는 것이다.

지구를 제외한 모든 우주가 매일 지구를 중심으로 한 바퀴 돈다고 생각했을 때보다 별의 움직임을 더 쉽게 계산할 수 있었으며, 별이 이상하게 움직이는 현상도 설명할 수 있었다.

예를 들어 별이 역행하는 현상은 행성마다 태양으로부터 떨어진 거리

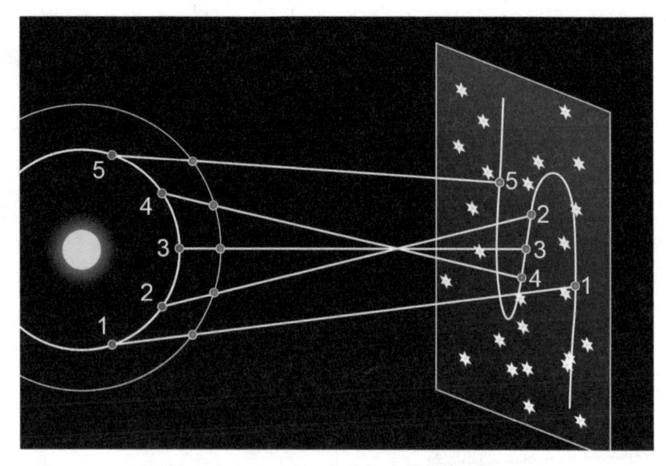

그림 2-10 태양을 중심으로 도는 궤도로 보는 별의 역행 현상

가 다르기 때문에 한 바퀴를 도는 데 각각 걸리는 시간이 다른 것으로 간단히 설명할 수 있다. 그림 2-10에서 안쪽의 파란 원이 지구, 바깥쪽의 빨간 원이 화성이라고 해 보자. 지구에 있는 우리가 보는 화성의 위치는 오른쪽의 파란색 사각 판 위에 붉은 점과 같다. 지구가 태양을 돌면서 화성을 지나치면 마치 화성은 원래 방향과는 반대로 움직이는 것처럼 보이다가(오른쪽 판 3, 4) 다시 원래 방향으로 돌아간다(오른쪽 판 5). 이처럼 태양을 중심으로 행성이 돈다는 관점에서는 별의 역행을 더 간단히 설명할 수 있었다.

코페르니쿠스 연구의 한계와 계승

코페르니쿠스는 지구가 아닌 태양을 중심에 두면서 그때까지의 우주관을 뒤집었다. 코페르니쿠스는 평생에 걸쳐 지동설을 연구하고 발전시켰다.

코페르니쿠스의 뒤를 이은 천문학자들은 지동설을 더욱 발전시켰다. 덴마크의 천문학자 튀코 브라헤(1546~1601)는 오랜 기간 별을 관측해서 정확하고 풍부한 자료를 남겼다. 그의 관측 기록을 물려받은 제자 요하네스 케플러(1571~1630)는 화성을 관찰하고 화성의 움직임을 계산해서 '행성은 태양을 중심으로 하는 타원 궤도를 따라 움직인다'는 사실을 밝혀냈다. 갈릴레오 갈릴레이는 망원경으로 천체를 관찰해서 지동설과 태양중심설의 과학적 근거를 마련했다. 코페르니쿠스가 세상을 떠나고 50여 년이 지나서야 지동설은 세상에 충격을 주기 시작했다.

그림 2-11 요하네스 케플러

코페르니쿠스, 최초의 근대 천문학자

코페르니쿠스의 이론은 그때까지 단순히 별과 지구의 움직임을 계산하는 데 머물러 있던 천문학이 우주의 구조를 다루는 학문으로 발전하는 계기를 마련하였다.

코페르니쿠스는 프톨레마이오스 천문학의 마지막 계승자이기도 했

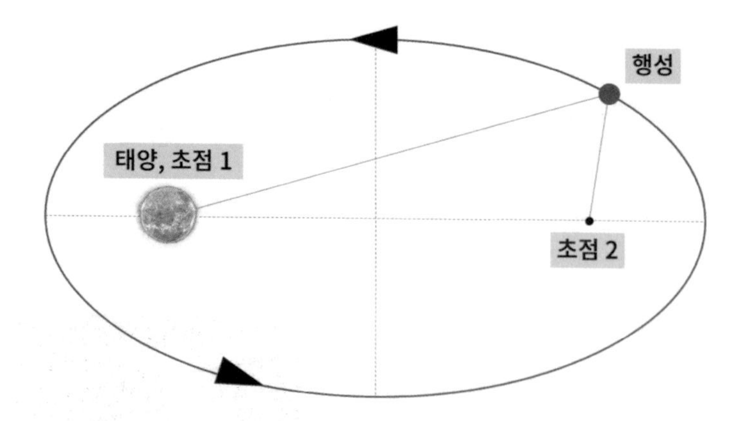

그림 2-12 케플러가 발견한 행성의 타원 궤도, 행성은 태양과 다른 한 점을 초점으로 하는 타원을 따라 움직인다.

다. 그는 원운동과 같은 고대 우주관의 철학은 끝까지 지켰다. 레티쿠스는 "나는 아리스토텔레스가 다시 태어난다면 스승님(코페르니쿠스)을 지지할 것으로 믿는다"라고 이야기했으며, 20세기 유명한 과학 철학자 토머스 쿤(1922~1996)은 코페르니쿠스를 "최초의 근대 천문학자이자 마지막 프톨레마이오스 천문학자"라고 일컬었다. 코페르니쿠스는 중세의 문을 닫고 근대의 문을 연 위대한 과학자였다.

코페르니쿠스가 세상을 떠난 후 사람들은 오랫동안 그의 유해를 찾고자 애썼다. 2005년 8월 프라우엔부르크 대성당 지하에서 여러 구의 유골이 발견되었는데, 코페르니쿠스의 것으로 보이는 유골도 한 구 있었다. 이 유골은 코페르니쿠스의 책에서 발견된 머리카락과 DNA가 일치한다

그림 2-13 코페르니쿠스의 유해를 새롭게 안치한 관

고 2008년 밝혀졌으며, 컴퓨터 그래픽으로 얼굴을 복원해 보니 코페르니쿠스의 자화상과도 흡사했다. 이렇게 확인된 코페르니쿠스의 유해로 2010년에는 폴란드에서 그의 장례식이 다시 치러졌다.

도움닫기

인류는 왜 하늘을 올려보았을까?

수만 년 전부터 인류는 인간 세상과 멀리 떨어져서 인간을 내려다 보는듯한 하늘에 경외감을 느꼈다. 고대 주술사와 사제는 별과 달, 태양의 변화를 보고 사람들에게 '신의 뜻'을 알렸으며, 질병을 몰아내고 재앙을 물리치기 위해 하늘에 제사를 지내고 기도를 드렸다. 동양과 서양 모두 천체의 움직임이 인간 세상에서 일어나는 일과 관련이 있다고 믿어서 하늘을 관찰하여 인간의 일을 점쳤다. 늘 보이던 별이 아닌 새로운 별이 보이면 나쁜 일이 닥칠 징조라 여겨 불안에 떨었다. 예를 들어 오래전 중국에서는 붉은 기운이 도는 화성을 난리, 질병, 기아, 전쟁 등을 상징하는 불길한 별로 여겼다. 특히 화성이 왕을 상징하는 별인 전갈자리 위치에서 머무는 것처럼 보이는 특이한 현상이 나타나면 황제가 죽고 왕조가 바뀔 나쁜 징조로 받아들였다.

천체 관찰은 인류의 생존을 위해서도 중요한 일이었다. 고대 이집트에서는 시리우스(Sirius) 별이 동쪽에 처음 모습을 드러내고 얼마 지나지 않아 나일강의 물이 넘친다는 사실을 알아냈다. 나일강의 범람 정도에 따라 그해 농사가 잘될지가 결정되었기에 하늘을 관찰하는 일은 이집트인의 삶이 달린 문제였다. 바다에서 고기를 잡는 사람들에게는 달의 변화에 따른 조수간만의 차• 를 미리 아는 것이 중요했다.

• 태양과 달의 중력으로 인해 밀물과 썰물 때의 바닷물 높이가 달라지는 정도

이러한 이유로 대부분의 나라에는 천체를 관측하고 변화를 기록하는 전문가와 부서가 있었다. 이들은 천체의 변화를 예측해서 달력을 만들었다. 달력은 그 사회의 학문, 문화 수준의 지표였다. 동양에서는 새로운 왕조가 들어서면 반드시 달력을 만드는 방법, 역법을 세상에 알렸다. 이는 새로 수립된 왕조가 하늘의 뜻을 이어받았다는 상징이었다. 종교적으로도 역법은 중요했다. 예를 들어 이슬람 문화권에서는 매일 일정한 시간에 메카가 있는 쪽으로 기도를 드려야 했기에 천체의 위치를 기준으로 시간과 방향을 측정하는 방법이 발전했다.

하늘의 움직임과 인간 세상의 운명이 동떨어지지 않았다는 믿음은 태양과 달, 별의 위치가 개인의 성격과 삶에 영향을 미치고 미래의 일을 알려 준다는 점성술로 발전했다. 서양에서는 사람이 태어났을 때 천체의 위치를 기준으로 삼아 사람의 특성을 12가지로 나누었고, 동양에서도 태어난 때를 기준으로 결혼 등 좋은 날짜를 잡았다.

3장

근대 물리학의 아버지, 권위에 도전하다

갈릴레오 갈릴레이

Galileo Galilei, 1564~1642

1610년 갈릴레이는 망원경으로 하늘을 관찰해서 발견한 새로운 사실을 《별들의 메시지》라는 책으로 펴냈다. 그는 이 책의 서문에서 당시 이탈리아 중부 지역 토스카나를 다스리던 메디치 가문의 코시모 2세를 칭찬하는 말을 잔뜩 늘어놓았다. 또한 '코시모 2세의 미덕을 기리기 위해 별이 나타났다'라며 자기가 최초로 발견한 목성을 도는 위성 4개에 '메디치의 별'이라는 이름을 붙였다. 당시 메디치 가문은 권력과 부유함으로 유럽에 이름을 날렸고, 유명한 학자나 예술가를 후원하는 것으로도 유명했다. 《별들의 메시지》는 인기를 끌었고, 갈릴레이는 메디치 가문의 궁정 수학자 겸 철학자가 되어 연구에만 전념할 수 있었다.

갈릴레이에게는 무엇보다 공식적으로 '철학자'라는 이름을 얻은 사실이 중요했다. 왜냐하면 당시 수학자는 계산 전문가일 뿐, 우주의 원리와 법칙을 알아내는 것은 철학자가 하는 일이었기 때문이다. 철학자로 인정받은 갈릴레이가 하는 이야기도 이제 자연과 우주의 본질에 관한 것으로 받아들여지게 된 것이다.

1632년 갈릴레이는 천동설과 지동설을 비교한 《두 우주 체계에 대한 비교》라는 책을 내고, 지구 중심설(지동설)을 지지하는 이론을 펼쳤다. 하지만 그다음 해인 1633년, 갈릴레이는 종교 재판소에 불려가 10명의 추기경으로 이루어진 재판부 앞에서 무릎을 꿇고 자신이 교회의 명령에 따르지 않았음을 인정하고 "앞으로는 교회의 명령에 순종하며 나의 잘못과 이단 행위를 저주하고 혐오한다"라고 선언했다. 《두 우주 체계에 대한 비교》는 그 후 200여 년간 출판이나 판매가 금지되었다. 한 권의 책은 갈릴레이를 출세하도록 만들었고, 다른 책 하나는 그를 세상에서 쫓아낸 것이다.

학자 갈릴레이

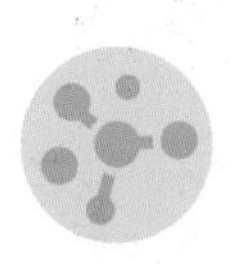

수학에 매료되다

갈릴레이는 르네상스 시대 한복판에서 활약했다. 유럽에서는 과학과 예술이 꽃피웠으며 인쇄술의 발달로 보통 사람들도 책을 구하기 쉬워졌다. 윌리엄 셰익스피어의 문학 작품과 레오나르도 다빈치, 미켈란젤로의 그림과 조

그림 3-1 갈릴레오 갈릴레이의 초상화

각이 탄생했으며, 용감한 사람들은 배를 타고 한 번도 가보지 않은 바다

그림 3-2 피사 대학

넘어 새로운 세상을 찾아 떠났다. 학자들은 진리로 여겨졌던 고전 학문의 권위에 과감하게 도전했다. 갈릴레이는 이 움직임의 주인공이었다.

갈릴레오 갈릴레이는 1564년 이탈리아의 피사에서 태어났다. 갈릴레이는 어려서부터 호기심이 많은 총명한 아이였다. 갈릴레이가 8살이 되던 해에는 아버지가 피렌체의 궁정 음악가가 되어 온 가족이 피렌체로 이사했다. 갈릴레이는 11세에 가톨릭 수도원에서 운영하는 학교에 들어가 그리스어, 라틴어, 논리학, 신학 등을 배웠고, 17세에는 피사 대학에 입학했다. 갈릴레이는 날카로운 질문으로 상대를 공격하고 재치 있는 말로 토론하는 것을 즐겼다. 새로운 주장을 눈치 보지 않고 자신 있게 표현

하는 갈릴레이를 좋아하는 사람도 많았지만, 학문의 권위를 인정하지 않는다고 싫어하는 사람도 있었다.

대학에 다니는 데는 돈이 많이 들었지만, 아버지는 맏아들인 갈릴레이가 장차 의사가 되어 집안을 이끌기를 원하며 무리를 해서 대학에 보냈다. 하지만 갈릴레이는 의학보다는 수학 공부에 푹 빠졌으며, 결국 의사는 되지 못했다.

본격적인 연구를 시작하다

대학을 졸업한 갈릴레이는 학생에게 수학을 가르치는 개인 교사로 일하며 개인 연구와 발명도 계속했다. 그의 이름이 유명해지자 피사 대학은 1589년 갈릴레이를 수학 교수로 채용했다. 3년 후 갈릴레이는 파도바 대학으로 직장을 옮겼는데, 집안 형편이 어려워 피사에서 파도바로 이사할 때 말을 타지 못하고 백 킬로미터 넘게 걸어갔다고 한다. 파도바 대학에 자리를 잡은 갈릴레이는 월급도 오르고, 그의 연구를 후원하는 친구도 생겨 안정적인 생활을 할 수 있었다. 별을 관찰하고 물리학 법칙을 연구하던 행복한 시기였다.

자유낙하 이론

코페르니쿠스가 아리스토텔레스의 우주관에 의문을 던졌다면, 갈릴레이는 아리스토텔레스가 주장했던 물리학 법칙의 오류를 밝혔다. 아리스토텔레스는 세상의 물체는 그 성질에 따라 무거운 것은 아래로, 가벼운 것은 위로 움직인다고 생각했다. 그래서 무거운 물체와 가벼운 물체를 높은 곳에서 동시에 떨어뜨리면 무거운 물체가 가벼운 물체보다 먼저 바닥에 떨어진다고 했다.

갈릴레이는 '사고 실험'을 통해 아리스토텔레스의 이론을 실험했다. 사고 실험은 직접 실험이나 관찰을 하지 않고 머릿속으로 결과를 예측해 보는 것이다.

갈릴레이는 사고 실험으로 아래의 내용을 증명했다.

1. 만일 아리스토텔레스의 생각처럼 무거운 것이 가벼운 것보다 먼저 떨어진다면,
2. 속도 10으로 떨어지는 무거운 물체와 속도 4로 떨어지는 가벼운 물체를 끈으로 묶어서 함께 떨어뜨리면 어떻게 될까?
3. 무거운 물체가 떨어지는 속도(10)를 가벼운 물체(4)가 줄여서 평균 7의 속도로 떨어질 것이다.
4. 그런데 두 물체를 묶으면 총 무게가 더 무거워져서 10보다 더 빠르게 떨어진다.

3과 4는 모순이라 성립할 수 없으므로 아리스토텔레스의 이론은 틀렸다.

그림 3-3 달에서 망치와 깃털을 떨어트린 실험, 두 물체는 동시에 떨어졌다.
https://www.youtube.com/watch?v=oYEgdZ3iEKA

갈릴레이의 이론은 이후 여러 실험을 통해 입증되었다. 특히 1971년 달에 착륙한 아폴로 15호는 망치와 깃털을 동시에 떨어뜨려 공기 저항이 없는 진공상태에서 두 물체가 무게와 관계없이 동시에 떨어진다는 것을 보였다.

피사의 사탑 실험

이탈리아 피사의 사탑에 올라가 쇠공과 나무공을 동시에 떨어트려 본 실험이다. 이처럼 크기가 동일하고 무게가 다른 물체를 동시에 떨어뜨리면 거의 동시에 바닥에 떨어진다.

관성의 발견

물체는 힘이 작용하면 운동을 하고, 힘이 작용하지 않으면 정지한다. 아리스토텔레스는 어떤 물체가 움직이려면 움직임을 일으키는 힘과 움직이는 것이 계속 접촉한 상태여야 한다고 주장했다. 예를 들어 돌을 던졌을 때 멀리 날아가는 이유는 돌 앞에 있던 공기가 돌의 뒤쪽을 채우면서 계속 힘을 전달하기 때문이라는 것이다.

갈릴레이의 주장은 달랐다. 그는 물체가 움직이는 데 힘이 계속 전달될 필요가 없다고 생각했다. 그래서 외부 저항이 없는 진공상태에서는 한 번 움직이기 시작한 물체가 계속 움직일 것이라고 생각했다. U자 경사 한쪽 면에서 공을 굴리면 공은 굴러 내려간 후 바닥을 지나 반대쪽 면을 타고 올라가는데, 갈릴레이는 마찰이 없는 진공상태에서는 공이 원래 출발한 지점과 같은 높이까지 올라간다고 생각했다(①). 반대쪽 경사를 조금씩 눕히면 같은 높이에 올라갈 때까지 더 먼 거리를 굴러갈 것이고(②), 만일 경사를 없애 수평으로 만들면 공은 무한히 먼 곳까지 굴러갈 것이라고 생각했다(③). 이처럼 정지한 물체는 계속 정지해 있으려 하고, 움직이는 물체는 계속 움직이려고 하는 성질을 '관성'이라고 한다. 갈릴레이는 관성을 처음으로 알아냈다. (그림 3-4)

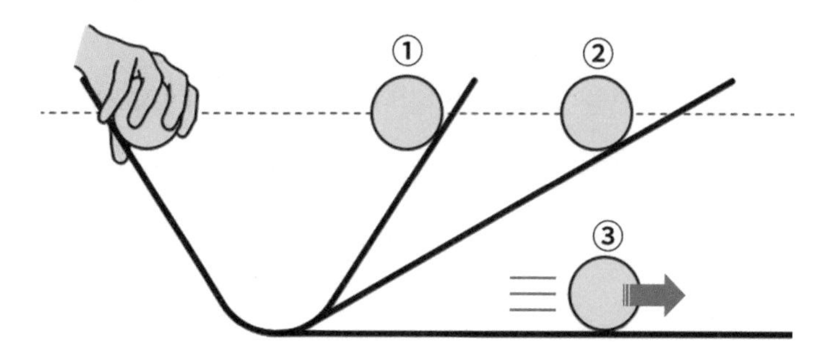

그림 3-4 갈릴레이의 사고 실험. 진공상태에서 경사면이 낮아질수록 공의 이동 거리는 늘어나고, 수평이 되면 무한히 증가한다.

포물선 운동

아리스토텔레스는 운동을 '자연적인 운동'과 인공적인 힘이 가해진 '비자연적인 운동'으로 나누었다. 그는 물체에 반드시 한 번에 하나의 운동만 작용한다고 생각했다. 예를 들어 대포를 쏘면 화약의 힘으로 비자연적인 운동이 생겨나 포탄이 날아가고, 그 힘이 다하면 자연적인 운동의 영향으로 포탄이 아래로 떨어진다는 것이다.(그림 3-5, ①)

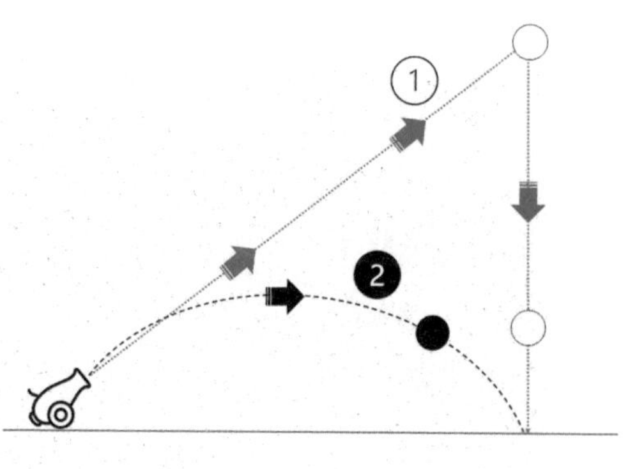

그림 3-5 운동에 대한 아리스토텔레스의 이론(①)과 갈릴레이의 이론(②)

하지만 갈릴레이는 포탄이 발사되어 하늘로 날아가기 시작하는 바로 그 순간

아래로 떨어지는 운동도 동시에 일어난다고 생각했다. 즉, 포탄은 그림 3-5의 ②처럼 포물선을 그리며 날아간다는 것이다. 실제로 포물선을 그리며 떨어지는 포탄은 아리스토텔레스의 이론과는 달리 한 물체에 여러 운동이 함께 작용할 수 있다는 것을 보여준다.(그림 3-5)

천문학으로 유명해진 갈릴레이

당시의 우주관에 따르면 달은 천상과 지상을 나누는 경계이기 때문에 표면이 매끈해야 했다. 그러나 1609년부터 망원경으로 별과 행성을 관찰한 갈릴레이는 달에 산과 분화구가 있어서 표면이 울퉁불퉁하다는 것을 발견했다.

또한 당시 우주관에 따르면 달은 우주의 중심인 지구에만 존재할 수 있는 것이었다. 그런데 갈릴레이는 목성에도 달이 4개나 있다는 것을 발견했다. 그는 그 외에도 은하수가 여러 개의 별로 이루어졌다는 것, 태양의 흑점이 변화한다는 것도 관찰했다.

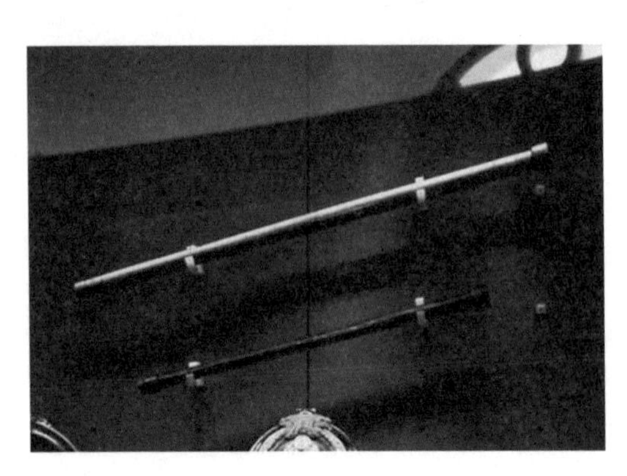
그림 3-6 갈릴레이가 사용한 망원경(갈릴레오 박물관)

갈릴레이가 천체를 관찰할 때 쓰던 망원경은 그가 직접 렌즈를 만든 것으로, 다른 망원경보다 성능이 월등히 좋아서 대상을 최대 20~30배까지 확대해 볼 수 있었다고 한다.

지동설의 증거, 모양이 달라지는 금성

갈릴레이는 직접 금성을 관측해서 금성도 달처럼 시간이 지남에 따라 모습이 변하는 사실을 알았다.

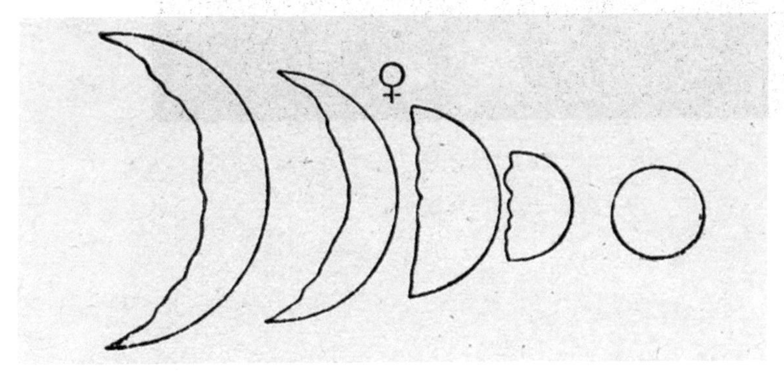

그림 3-7 갈릴레이가 직접 그린 금성의 변화 모습

만일 금성이 주전원(p.51)을 돌면서 동시에 지구를 돌고 있다면 항상 보이는 모습이 일정할 것이다. 하지만 금성과 지구 모두 태양을 중심으로 돌기 때문에 금성도 달처럼 모양이 계속 다르게 보이는 것이라고 갈릴레이는 생각했다.

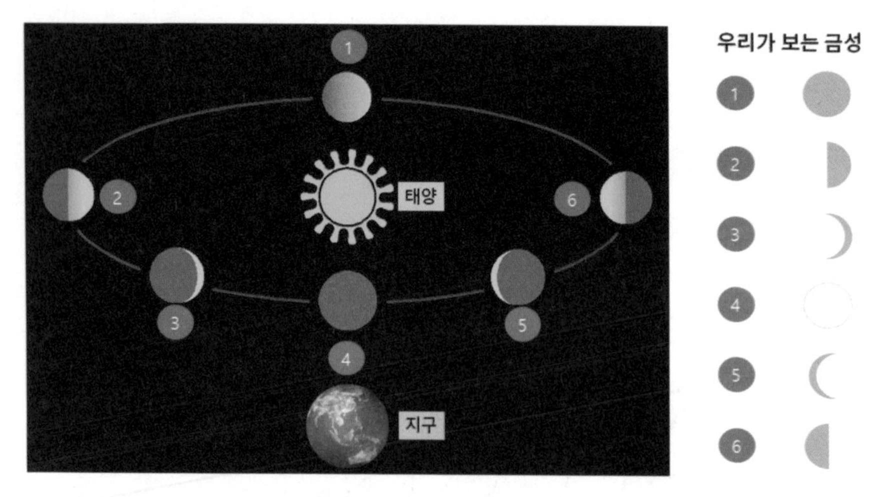

그림 3-8 지동설로 알아보는 금성의 모습 변화

태양과 금성, 지구의 위치에 따라 우리가 보는 금성의 모습은 그림 3-8처럼 변화한다. 지구에 있는 우리에게는 금성의 태양빛을 받는 면이 보인다. 그래서 금성이 ①에 있을 때는 보름달처럼 둥근 모습을 볼 수 있고, ②, ⑥에 있으면 반달처럼, ③, ⑤ 위치에 있으면 초승달 또는 그믐달처럼 보인다. 금성이 ④처럼 태양과 지구 사이에 위치할 때는 지구에서 금성의 모습을 볼 수 없다. 갈릴레이가 직접 관찰한 금성의 모습은 바로 지동설의 증거였다.

종교의 권위에 도전한 근대 물리학의 아버지

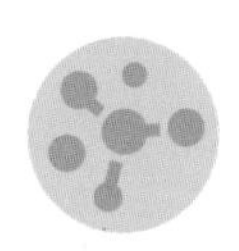

교회와의 갈등이 시작되다

1610년 이후 갈릴레이는 뛰어난 천문학자로 이름을 날렸으며, 갈릴레이가 지지하는 지동설이 성경의 가르침과 다르다는 비난을 하는 신학자도 점점 늘어나기 시작했다.

갈릴레이는 교회에 편지를 써서 자기 이론을 변호했다. 그는 "성경에는 오류가 없지만, 성경을 해석하는 사람은 잘못을 저지를 수 있다", "성경은 당시 사람들의 눈높이에 맞는 말로 기록되어 있어서 성경에 나온 이야기를 '문자 그대로(literally)' 해석하는 것은 성경의 의미를 문자에 가둬두는 실수이다"라고 주장했다. 여호수아기에 '태양이 멈추었다'고 쓰여 있는 것은 정말 태양이 멈춘 것이 아니라, 자연 현상을 당시 사람들의 상식으로 이해할 수 있게 설명했다는 것이다. 또한 성경의 가르침은 신앙과 도덕, 구원에 관련된 것이지 자연현상을 과학적으로 설명하고자 한 것이 아니기 때문에 만약 그 내용이 최신 과학 이론과 다를 때는 과학이 우선되어야 한다고 주장했다.

교회는 갈릴레이의 문제를 처음에는 그리 심각하게 생각하지 않았다. 고위 성직자 중에는 갈릴레이를 지지하고 지원하는 사람도 있었다. 그러나 시간이 지날수록 갈릴레이의 주장이 가톨릭교회의 권위와 성경의 해석에 도전하는 오만하고 위험한 이론이라는 생각이 퍼져나갔다.

1616년, 첫 번째 갈등

로마 교황청은 지동설을 진지하게 검토했다. 기독교의 가르침과 어긋나는 이단을 판단하는 교황청의 검사성성은 신학자들을 모아 지동설의 문제를 심사하는 회의를 열었다. 회의에서는 지동설이 철학적으로 터무니없고 성경의 가르침과 다른 이단이며, 지구가 움직인다는 주장은 철학적, 신앙적 잘못을 범했다는 결론을 내렸다.

벨라르미노 추기경은 갈릴레이를 소환해서 '어떤 방식이든 더는 지동설과 관련된 것을 가르치거나, 지지하거나, 토론하지 말라'고 명령했고 만일 명령을 따르지 않으면 처벌할 것이라 경고했다. 갈릴레이는 명령에 복종할 것을 약속했고 그 약속을 지켰다. 이 재판 이후 지동설을 다룬 코페르니쿠스의 책《천구의 회전에 관하여》는 금서가 되었다.

1633년, 두 번째 갈등

1623년 우르바노 8세가 새롭게 교황의 자리에 올랐다. 우르바노 8세는 이전부터 갈릴레이를 지지하고 지원하던 사람이었고, 1차 재판이 끝난 1620년에도 시를 지어 갈릴레이의 발견을 칭찬할 정도로 애정이 깊었다. 1626년 갈릴레이는 여러 차례 교황을 개인적으로 만나 이야기를 나누었다. 교황은 갈릴레이에게 "지구가 움직인다는 증거가 아무리 많아도 '지구는 반드시 움직여야 한다'라고 단정적으로 이야기하는 것은 하느님의 권능을 제한하는 잘못된 주장이다"라고 했다. 즉, 수학 가설과 계산으로 얻은 값의 가치는 주장해도 되지만, 우주와 철학에 관한 진리의 문제를 다루면 안 된다는 것이다.

그림 3-9 교황 우르바노 8세

하지만 이 만남으로 갈릴레이는 지동설을 지지하는 활동을 해도 된다고 생각하고, 천동설과 지동설을 직접적으로 비교하는《두 우주 체계에 관한 대화(1632)》라는 책을 펴냈다. 이 책에서는 아리스토텔레스와 프톨레마이오스를 지지하는 '심플리치오', 코페르니쿠스를 지지하는 '살비아티', 보통의 지식인 '사그레도' 세 명의 주인공이 공정한 토론을 벌이는데, 지동설을 지지하는 살비아티의 주장이 훨씬 더 설득력 있게 쓰였다. 책은 큰 인기를 끌었지만, 교황이 갈릴레이를 만나 이야기한 내용을 정면으로 비난하는 내용이 들어있었고, 교황은 자기의 호의를 갈릴레이가 조롱하고 모욕했다고 생각했다. 갈릴레이는 결국 교황에 의해 로마로 다시 소환된다.

갈릴레이의 죄목은 1616년 벨라르미노 추기경이 내린 명령에 복종하지 않았다는 것이었고, 결국 유죄 판결을 받았다. 재판이 끝나고 갈릴레이가 돌아서서 "그래도 지구는 돈다"라는 말을 했다는 이야기도 전해지지만, 이에 대한 증거나 기록은 찾을 수 없다. 이는 후대 사람들이 과학과 교회의 갈등을 보다 극적으로 보이게 하려고 더한 내용으로 보인다. 재판 결과 갈릴레이는 죽을 때까지 집에 갇혀 지냈고, 그의 책 《두 우주 체계에 관한 대화》도 금서가 되었다.

갈릴레이의 영향

두 번째 재판 이후 갈릴레이는 집에 머물며 그동안 자신의 물리학 연구를 총정리해서 《새로운 두 과학(1638)》이라는 책을 펴냈다. 이 책은 고체의 강도와 물체의 낙하 법칙에 관한 수학, 물리학 법칙에 관해 심플리치오, 살비아티, 사그레도가 토론하는, 과학을 수학으로 설명한 과학 교과서였다. 《새로운 두 과학》은 번역되어 유럽 여러 나라로 퍼져나가 과학 발전에 크나큰 영향을 미쳤으며, 훗날 사람들은 갈릴레이를 '근대 물리학의 아버지'라고 불렀다. 책을 펴낸 후 눈이 멀고 여러 질병에 시달리던 갈릴레이는 1642년 세상을 떠났다.

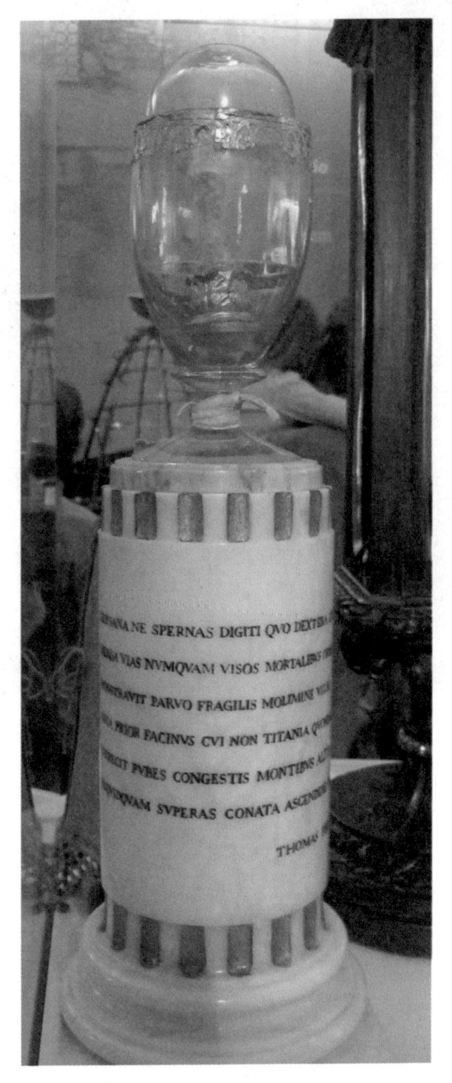

그림 3-10 전시된 갈릴레이의 손가락

갈릴레이를 지원했던 페르디난도 2세(코시모 2세의 아들)는 갈릴레이의 유체를 피렌체의 산타 크로체 성당에 묻힌 아버지 코시모 2세 옆에 안장하려 했다. 하지만 로마 교황청은 이단 혐의를 받는 사람을 그렇게 중요한 곳에 둘 수 없다고 주장했다. 결국 갈릴레이는 성당의 복도 끝 구석진 작은 방에 묻혔다가 1737년 다시 본관으로 옮겨졌다. 이때 손가락 셋을 떼어냈는데 오른손 가운뎃손가락은 피렌체의 갈릴레오 박물관에 전시되어 있다.

그림 3-11 산타 크로체 성당에 있는 갈릴레이의 무덤

갈릴레이의 책은 1835년에야 코페르니쿠스의 책과 함께 금서에서 풀려났다. 1943년 이후 가톨릭교회는 '성경의 문자적 해석'을 더 이상 고집하지 않고 있으며, 1979년부터 갈릴레이의 사건을 재조사하기 시작했다. 결국 1992년 교황 요한 바오로 2세는 갈릴레오 사건의 재판관들이 잘못했다는 것을 공식적으로 인정했다. 갈릴레이가 세상을 떠난 지 350년 만이었다.

갈릴레오 갈릴레이는 '수학'이라는 언어를 익혀야 이 세상을 이해할 수 있다고 믿었다. 그는 사물의 법칙을 실험으로 검증하고, 수학으로 풀어내는 근대 과학의 시작을 알렸다.

도움닫기

종교와 과학은 왜 갈등했을까?

로마 제국에서 공인된 기독교는 서구 사회에 튼튼한 뿌리를 내렸다. 로마 제국의 멸망 후에도 기독교는 오랫동안 문화, 예술 분야는 물론 자연 철학에까지 사회 전반에 강력한 영향을 미쳤다. 17세기까지 교회는 아리스토텔레스의 우주관을 그대로 받아들였고, 프톨레마이오스의 천문학을 진리로 믿었다. 성경에 기록되어 있는 말은 글자 그대로 의심할 여지가 없는 진실이었고, 여기에 조금의 의문이라도 제기하면 가혹한 형벌에 처해졌다. 코페르니쿠스의 '우주의 중심은 지구가 아니라 태양이다'라는 지동설은 엄청난 비난을 받았다. 왜냐하면 성경에는 지구가 움직이지 않는 중심이라고 본다는 점, 그리고 여호수아가 태양을 멈추게 한 일이 기록되어 있기 때문이다.

조르다노 부르노(1548~1600)는 코페르니쿠스 이후 활동했던 이탈리아의 철학자이자 수도자였다. 당시까지 여전히 천동설이 우세했으나 부르노는 과감하게 코페르니쿠스의 지동설을 받아들였다. 그는 자신의 책 《무한 우주와 세계에 관하여》에서 '지구가 태양을 중심으로 회전한다'는 주장에서 한 걸음 더 나아가 '우주는 한계가 없고 태양도 열을 내는 수많은 별 중 하나에 불과하다'라는 '무한 우주론'을 주장했다. 하지만 당시 교회는 우주에도 끝이 있다는 '유한 우주론'을 신봉했기 때문에 부르노와 극심하게 대립했다. 게다가 부르노는 그 외에도 예수의 신성을 부정하는 등의 주장을 펼쳐 결국 가톨릭교회로부터 이단으로 몰렸으며, 감옥에 갇혀 8년 동안 혹독한 심문을 받았다. 그러나 부르노는 끝내 자신의 주장을 굽히지 않았다. 결국 1600년 부르노는 로마 광장에서 화형당했고 그의 책은 모두 금서가 되었다.

조르다노 부르노 동상

훗날 갈릴레오 갈릴레이도 가톨릭교회와의 갈등으로 처벌을 받으며 종교와 과학의 갈등이 본격적으로 드러났다. 종교와 과학은 여러 주제에 관해 끊임없이 대립했지만 이제는 저마다의 역할을 하며 조화를 이룰 수 있도록 노력하고 있다. 20세기에 들어서 가톨릭교회는 성경을 문자 그대로 해석하지 않기로 하였으며 과학에 관한 태도도 바꾸었다. 부르노가 죽은 지 400년이 지난 2000년, 가톨릭교회는 부르노의 죽음에 관해 '슬픈 일'이었다고 유감을 표했다.

4장

혈액은 순환한다

윌리엄 하비

William Harvey, 1578~1657

죽은 사람이 누워 있는 긴 탁자를 중심으로 의자가 둥그렇게 놓였다. 가운데의 무대를 볼 수 있도록 뒤쪽에도 층층이 높은 자리에 의자를 원형

그림 4-1 파도바 대학 해부학 강의실, 가운데 탁자를 중심으로 원형 극장처럼 되어 있어 최대 200명이 들어갈 수 있었다.

으로 배치해서 4층까지 앉을 수 있었다. 탁자 주위에는 의과대학 교수들이 자리 잡았고, 위층 의자에는 학생과 돈을 내고 구경하러 들어온 일반인이 앉았다. 파브리키우스 교수가 칼을 들었다. 파도바 대학의 '인체 해부 실습'이 시작된 것이다.

의과대학생인 윌리엄 하비도 해부 실습을 지켜보고 있었다. 그는 파브리키우스의 강의를 들으며 갈레노스의 이론에 대해 의문을 품었다. 천여 년 이상 진리로 받아들여졌던 갈레노스의 이론을 뒤집는 변화의 싹이 트기 시작한 것이다.

심장과 혈관을 연구하는 의사

파도바 대학에서 공부하다

그림 4-2 윌리엄 하비의 초상화

윌리엄 하비는 1578년 영국 남부의 작은 어촌 포크스턴에서 태어났다. 하비는 15세가 되던 1593년에 케임브리지 대학에 입학해서 수사법, 아리스토텔레스와 플라톤의 고전 철학, 수학, 천문학 등을 공부하고 6년 만에 졸업했다. 그리고 졸업하자마자 당시 최고의 대학이던 이탈리아 파도바 대학으로 유학을 떠나 의학을 공부했다. 하비가 파도바 대학을 다니던 때, 갈릴레오 갈릴레이도 파도바 대학의 교수로 있었고 하비도 그의 강의를 들었다고 한다.

그림 4-3 해부학 실습실이 있는 파도바 대학 건물

파도바 대학은 당시 유럽에서 가장 훌륭한 의과대학이었고 특히 해부학으로 유명했다. 사람의 신체 해부는 고대부터 중세까지 오랫동안 금지되어 왔지만, 12세기 무렵부터 조금씩 늘어나 14세기에는 허용되기에 이르렀다. 하지만 막상 해부학 실습 시간에도 외과 의사•나 이발사가 신체를 해부하면 교수는 멀리 떨어진 곳에서 갈레노스의 책을 교과서로 설명만 하고는 했다.

하지만 파도바 대학 교수였던 베살리우스는 직접 칼을 들고 해부하고 학생과 이야기를 나누며 가르쳤다. 그는 '직접 해부를 하며 갈레노스

• 당시에는 신체를 꿰매거나 자르는 외과 의사를 하찮게 여겼다.

의 책을 열심히 읽었더니, 갈레노스는 실제로 인체를 해부해 보지는 못한 것 같다'라고 생각했다. 하비 역시 파도바 대학에서 공부하며 갈레노스의 이론에 의문을 갖게 되었다.

《인체의 구조에 관하여》

안드레아스 베살리우스

베살리우스 책의 삽화

안드레아스 베살리우스는 자신의 해부학 지식을 정리한 《인체의 구조에 관하여(1543)》라는 책을 냈다.(줄여서 파브리카Fabrica라고 한다) 과거에는 동물을 해부하고 관찰한 내용을 바탕으로 해부학 책을 썼기 때문에 그 내용이 부정확했는데, 베살리우스는 사람의 몸을 직접 해부한 경험을 바탕으로 잘못된 내용을 바로잡았다.

또한 이 책은 화가가 자세하게 그린 인체 해부 그림을 여러 장 실었다. 이처럼 세밀한 그림을 의학책에 넣은 것은 놀라운 일이었다. 이전에는 필경사가 일일이 손으로 베껴 써서 책을 만들었기 때문에 책에 복잡한 그림이 들어가기 어려웠다. 하지만 인쇄술이 발전하면서 화가가 그린 그림을 수백, 수천 장 똑같이 찍어낼 수 있었기 때문에 가능한 일이었다.

베살리우스의 책은 당시 의학계에 큰 자극을 주었다. 이 책은 자세한 해부도를 실은 인체 해부에 관한 최초의 완전한 교과서로 인정받았다.

갈레노스의 이론에 반박하다

하비는 1602년 박사 학위를 받고 영국으로 돌아왔다. 영국으로 돌아온 하비는 왕립 의사회 회원이자 런던의 유명한 성 바돌로매 병원의 의사가 되었다. 하비는 의사로 일하면서 심장과 혈관을 연구했다. 그때까지 의사들은 갈레노스의 이론을 따르고 있었다. 갈레노스는 혈액이 간에서 만들어져서 정맥을 통해 온몸에 영양분을 나르는데, 혈액 일부는 심장에서 '생기'와 섞여서 동맥을 통해 신체 여러 부분에 이 기운을 전달한다고 했다. 또한 신체는 혈액을 계속 소모하기 때문에 간은 우리가 먹은 음식을 재료로 끊임없이 혈액을 만들어낸다고 믿었다.

갈레노스의 이론에 따르면 심장은 생기와 혈액이 섞이는 장소였다. 심장은 두꺼운 막을 사이에 두고 오른쪽(우심실)과 왼쪽(좌심실)으로 나뉘어 있는데, 우심실로 들어온 피가 가운데 막을 통과한 다음 좌심실에서 생기와 섞이고, 동맥을 따라 흐르며 생기와 열을 온 몸에 보낸다는 것이다. 이에 베살리우스는 심장의 막에는 구멍이 없기 때문에 피가 우심실에서 좌심실로 직접 통하지 못한다고 주장했다. 그리고 하비는 그보다 근본적으로 갈레노스 이론 전체를 무너뜨릴 만한 생각을 했다.

하비의 사고 실험

하비는 일종의 사고 실험을 했다. 만일 혈액이 계속 소모된다면 간은 끊임없이 혈액을 만들어내야 한다. 성인의 심장은 한 번 뛸 때마다 약 60g

의 혈액을 뿜어낸다. 심장이 1분당 평균 72회 뛴다고 하면 1시간(60분) 동안 약 250kg(60x72x60)의 피가 몸으로 퍼져 나갈 것이다.

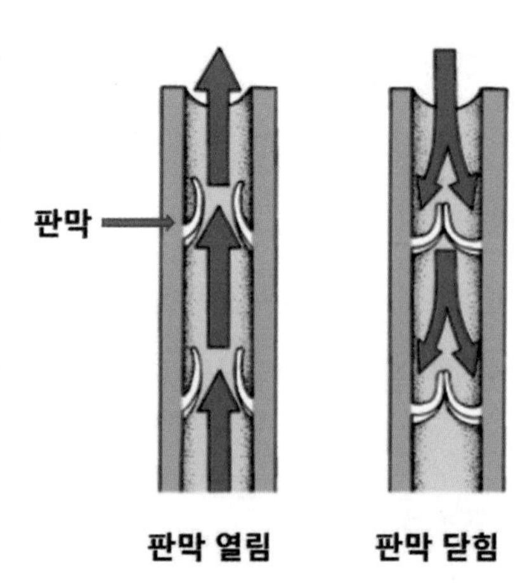

그림 4-4 판막. 피가 화살표 방향으로 흐를 때, 왼쪽은 판막이 열려 흐름이 순조롭지만 오른쪽은 판막이 닫혀 피가 흐르지 못한다.

하지만 사람의 간이 이렇게 많은 피를 만들어내기는 불가능했다. 또한 인간의 혈관과 신체는 이 많은 양의 피가 온몸으로 퍼져나가는 것을 버티지 못할 것이 분명했다. 그래서 하비는 '혈액이 소모된다'는 갈레노스의 주장이 잘못되었다고 생각했다. 대신 '한번 만들어진 혈액이 계속 몸속을 순환한다'고 생각했다.

정맥의 역할에 관해서도 하비는 새로운 의견을 냈다. 갈레노스의 이론에 따르면 정맥은 몸의 중심에서 신체 여러 부위로 혈액을 나르는 역할을 한다. 그런데 하비의 스승인 파브리키우스가 혈액이 한 방향으로 흐르도록 하는 '판막'의 구조와 위치를 밝혀냈다. 갈레노스의 이론에 따르면 정맥의 판막은 피가 몸의 중심에서 손끝, 발끝으로 흐를 때 열리고 그 반대 방향으로는 닫혀야 했다. 하지만 정맥에 가느다란 철사를 집어넣어 보니 신체의 중심에서 바깥으로는 잘 들어가지 않았고, 신체 말단에서 중심으로는 쉽게 들어갔다. 이는 갈레노스가 주장한 정맥 혈액의 흐름과는 반대였다.

하비는 이러한 의문을 가지고 심장의 구조와 혈액에 관한 연구를 계속해서 1628년 《동물의 심장과 혈액 운동에 관한 해부학적 연구》라는 책을 썼다. 이 책에서 하비는 자신의 '혈액 순환론'을 설명하고, 천여 년간 계속된 갈레노스의 이론을 뒤집었다.

혈액 순환론

갈레노스의 이론 중에서 가장 문제가 되었던 것은 '어떻게 혈액이 우심실에서 좌심실로 들어가는가'였다. 갈레노스는 심장 가운데 막(심장사이막)에 구멍이 있다고 생각했으나, 베실리우스가 인체 해부로 심장에는 그런 구멍이 없다는 점을 밝혔다. 13세기 아랍의 생리학자 이븐 일 나피스를 비롯해 몇몇 의학자는 혈액이 우심실→폐→좌심실 순서로 흐른다고 생각했다.

하비는 혈액이 폐를 포함해서 몸 전체를 순환하고, 이 순환에서 가장 중요한 역할을 하는 것이 심장이라는 이론을 세웠다. 하비는 혈액은 소모되지 않고 계속 온몸을 순환하며, 동맥에는 심장에서 나가는 혈액이, 정맥에는 심장으로 들어가는 혈액이 흐른다고 주장했다. 그는 갈릴레이처럼 사고 실험으로 기존 이론의 논리적 모순을 지적했으며, 해부와 실험을 통해 혈액이 한 방향으로 온몸을 순환한다는 사실을 증명했다.

실험으로 입증하다

하비는 누구나 할 수 있는 간단한 실험으로 혈액의 순환을 입증했다. 사람의 팔꿈치 부근을 붕대나 끈으로 꽉 묶으면 피가 통하지 않는다. 그렇게 시간이 지나면 묶은 부분 위쪽 팔뚝(심장에서 가까운 쪽)이 붉게 변하며 부풀어 오른다. 묶은 끈을 약간 느슨하게 하면 반대로 묶은 곳의 아래쪽 팔뚝(심장에서 먼 쪽)이 붉어지고 부풀어 오른다. 이 현상이 어떻게 순환론의 증거가 될까?

사람의 정맥은 피부와 가까이 있다. 팔목이나 팔뚝에 푸르게 비쳐 보이는 혈관이 바로 정맥이다. 그에 비해 동맥은 훨씬 몸 깊숙한 곳에 있다. 팔을 아주 세게 묶어서 동맥과 정맥을 모두 막으면 저수지에 물이 모이듯 혈액이 고인다. 그래서 꽉 묶은 팔뚝의 위쪽이 붉어지고 부풀어 오르는 것이다. (그림 4-5, 왼쪽)

묶었던 끈을 살짝만 느슨하게 하면, 깊숙이 있는 동맥에는 피가 흐르지만, 피부 가까이에 있는 정맥은 여전히 막혀 있다. 그러면 심장에서 나간 혈액은 동맥을 통해 손까지 흐르지만, 손에서 심장으로는 통하지 않기 때문에 혈액은 묶은 부위 아래쪽에 모인다. (그림 4-5, 오른쪽)

심장에는 심방과 심실이 있다. '심방'은 혈액을 받아들이고 '심실'은 수축하고 확장하는 운동으로 몸에 혈액을 순환시킨다. 그림 4-5처럼 혈액은 정맥을 통해 우심방으로 들어간다(①). 우심방이 수축하면서 혈액은 우심실로 가고, 우심실이 수축하면 폐로 간다(②). 폐에서 나온 혈액은 좌

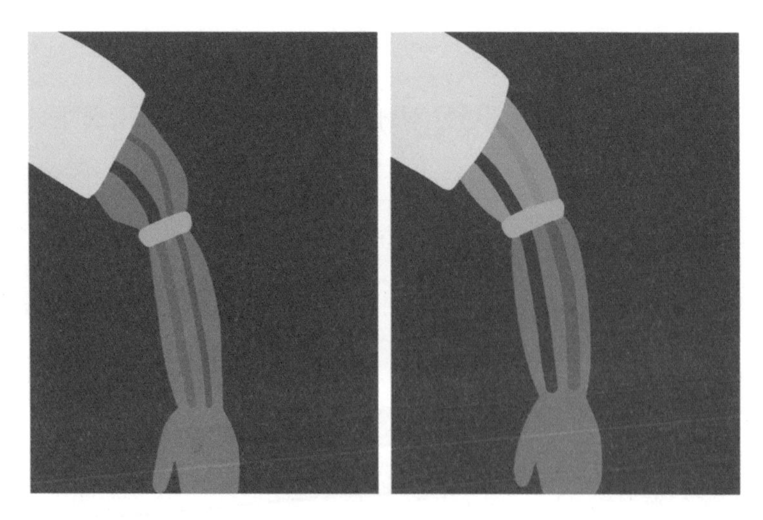

그림 4-5 동맥과 정맥이 모두 막힘(왼쪽), 정맥만 막힘(오른쪽)

심방을 거쳐 좌심실로 가고(③), 심장이 수축하면 동맥을 통해 신체 각 부분으로 퍼진다(④).

이처럼 하비는 실험과 관찰, 추론을 통해 혈액이 순환한다는 사실을 밝혔다. 하지만 갈레노스의 이론을 신봉하던 당시 대부분 의학자와 생리학자는 하비의 주장을 받아들이지 않았고, 오히려 하비를 실력 없는 의사라고 비난했다.

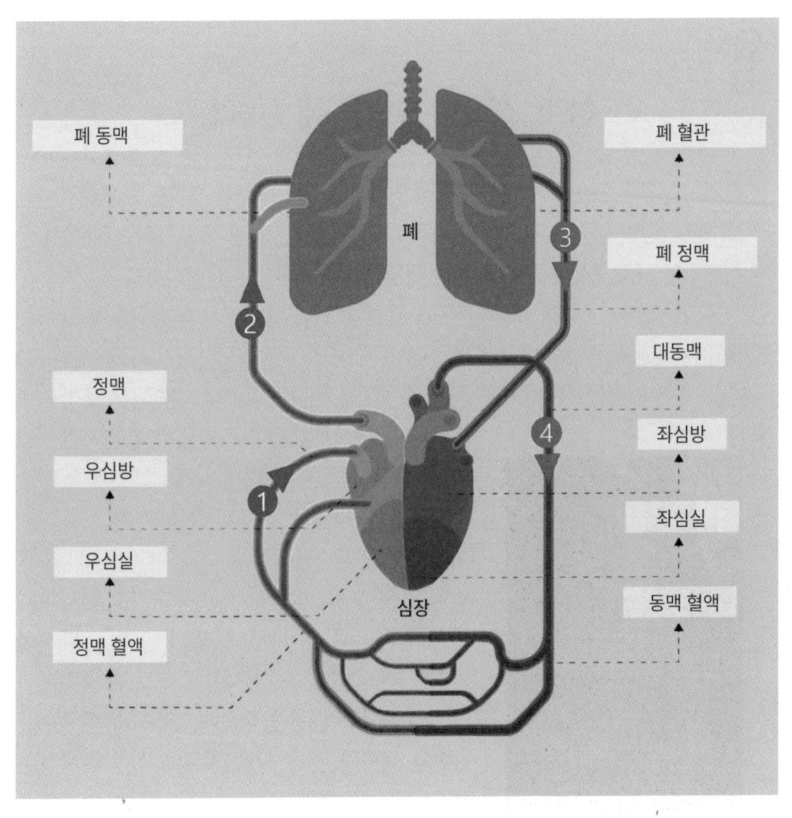

그림 4-6 혈액의 순환계, 붉은색은 동맥, 푸른색은 정맥이고 화살표는 혈액이 흐르는 방향이다.

하비, 최고령 노인을 해부하다

하비는 수많은 인체를 해부했다. 궁정 의사였던 그는 특이한 사체를 해부하기도 했다. 한번은 당시 영국에서 가장 나이가 많았던 152세의 '토마스 파'를 진찰하고 그가 죽은 후에는 시체를 해부해서 죽은 원인을 살폈다.

농부였던 토마스 파가 152세라는 소문을 듣고 신기하게 생각한 귀족이 그를 런던에 데려와 찰스 1세에게 소개했다. 왕은 그를 따뜻하게 맞이해 집을 주고 후히 대접했으며 궁정 의사인 하비에게 진찰도 맡겼다. 귀족들은 토마스 파를 초대해 성대한 파티를 벌였다. 하지만 토마스 파는 런던에 올라온 지 두 달 만에 세상을 떠났고 국왕은 그의 시체를 해부해 보도록 하비에게 지시했다.

토마스 파 (영국국립초상화미술관)

하비는 해부 후 "시골에서 맑은 공기를 마시며, 채식 위주로 건강하게 생활하던 토마스 파가 런던에 와서 기름진 식사를 하고 오염된 공기를 마셨기 때문에 죽음에 이르렀다"라고 결론을 내렸다. 찰스 1세는 토마스 파를 당시 귀족이나 유명인만 묻힐 수 있던 웨스트민스터 사원에 묻어 주도록 했다.

관찰의 중요성을 강조한 과학자

권력 다툼에 휘말리다

1628년 책을 출판한 이후 하비는 영국 국왕 찰스 1세의 주치의가 되어, 왕이나 외교 사절을 수행하면서 유럽 여러 나라를 여행했다. 또한 하비는 왕의 신임을 받아 예술 작품을 수집하며 당시 유럽의 유명한 학자들을 만나 의견을 나눴다. 1639년에는 왕실 주치의 중 제일 높은 자리에 올라 생활도 풍족해졌다.

하지만 당시 영국은 정치적으로 혼란스러운 시기였다. 국왕 찰스 1세는 가톨릭 신자로 가톨릭 세력을 중시했지만 영국 의회에서는 청교도 세력이 가장 강했다. 왕과 의회는 계속 충돌하다가 마침내 1642년 전쟁을 벌였다. 왕을 지지하던 하비는 왕이 런던을 떠나 옥스퍼드로 갈 때 따라 갔다. 하지만 1646년 찰스 1세는 전쟁에서 패해 목숨을 잃었으며, 왕을 지지하던 하비도 런던 병원의 의사 자리에서 쫓겨나고 엄청난 벌금을 물었다. 다행히 하비에게는 그동안 모아 놓은 돈이 있었기 때문에 벌금을 낸 다음에도 큰 불편 없이 살아갈 수 있었다.

이후 하비는 왕립 의사회에서 강의하며 연구에만 몰두했다. 그는 생물의 번식, 발생, 분만에 관해 연구했고 《동물의 발생에 관하여(1651)》라는 책을 발표했다. 여기서 그는 "모든 생명체는 알(수정란)에서 나온다"라며, 동물의 수정란이 기관과 조직으로 분화한다고 주장했다. 이 책은 후에 '진화론'의 기초를 마련했다.

하비의 뒤를 이은 학자들

1630년 이후부터 적게나마 하비의 연구를 지지하는 사람이 생겨났다. 특히 네덜란드의 학자들은 하비의 순환론을 대학에서 가르치고, 더욱 다양한 실험을 고안해서 하비의 이론을 입증했다.

하비의 연구도 완벽하지는 않았다. 하비는 동맥과 정맥이 연결되어 혈액이 순환한다고 생각했지만, 구체적으로 어떻게 연결되는지는 알지 못했다. 1661년 이탈리아의 생리학자인 말피기는 당시 새로 개발된 현미경으로 폐의 혈관을 관찰하여 이제껏 발견하지 못했던 매우 가느다란 '모세혈관'을 발견했고, 이 혈관으로 동맥과 정맥이 이어져 있음을 밝혔다.

또한 하비는 폐로 들어갔다 나오는 혈액에서 어떤 일이 벌어지는지 알지 못했다. 1669년 영국의 생리학자 리처드 로워가 검붉은 정맥혈액이 폐를 거치면 선명한 붉은색으로 바뀐다는 것을 발견했으며, 19세기가 되어서야 폐에 도달한 혈액에서 이산화탄소가 떨어져 나가고 산소가 공급된다는 사실이 알려졌다. 이렇게 후속 연구들이 더해지면서 하비의 혈액 순환론은 과학 혁명을 이끈 위대한 연구로 인정받았다.

생리학 발전에 이바지하다

1651년 하비는 막대한 돈을 영국 왕립 의사회에 기부했다. 의사회는 이 돈으로 도서관과 박물관을 짓고 하비의 동상을 세웠다. 1656년에는 왕립 의사회의 모든 자리에서 물러나면서 넓은 땅을 기부했다. 그리고 땅에서 나오는 수입으로 도서관의 사서를 고용하고, 해마다 열리는 왕립 의사회 만찬 비용을 대도록 했다. 하비는 이후 런던 교회에서 형제들과 함께 조용한 시간을 보내며 동료 의사들과 이따금 편지를 주고받았다. 하비는 점점 몸이 쇠약해지는 것을 느끼고 친구 스카보르에게 만일 자신이 쇠약해져 비참한 모습을 보이면, 강력한 진통제를 써 목숨을 끊어 달라고 부탁했다.

1657년 6월 3일 아침 윌리엄 하비는 잠에서 깨어 혀가 마비된 것을 느꼈다. 그는 얼른 약사(당시 피를 뽑거나 간단한 외과 치료는 약사가 했다)를 불렀고, 약사는 하비의 혀에서 피를 뽑아냈다. 이는 역시 천여 년간 내려온 갈레노스의 치료법이었다. 치료는 효과를 보지 못했고, 하비는 그날 밤 생을 마감했다. 하비가 죽고 난 후 그가 사용하던 의료 장비와 의사 가운은 친구인 스카보르가 물려받았고, 그의 책과 논문, 실험 자료는 모두 왕립 의사회에 기증되었다. 훗날 왕립 의사회가 길러낸 학자들은 하비의 뒤를 이어 그의 이론을 완성했다.

안타깝게도 1666년 런던에 큰불이 나 왕립 의사회를 비롯해 하비 도서관과 박물관이 모두 불에 타버렸고, 귀중한 책과 연구 자료도 사라졌다. 하지만 하비의 혈액 순환론은 현대 생리학의 발전을 이끌었고, 논리적 추론과 실험을 결합한 그의 연구 방법은 이후 과학 연구의 기본이 되었다.

실험과 증거가 중요하다

하비는 동물을 살아 있는 상태로 해부해서 심장의 운동과 혈액의 움직임을 관찰했다. 죽은 사람이나 동물을 해부해서 이미 움직임을 멈춘 심장을 살펴보는 것으로는 살아있는 생명체의 몸속에서 벌어지는 일을 잘 알 수 없었기 때문이다.

이때 하비가 논리적인 추론, 기능과 구조의 관계를 밝혀내기 위해 실험, 관찰, 비교 등의 방법을 사용했다는 점에 주목할 만하다. 하비는 '관찰을 통해 얻은 지식이 합리적인 추론보다 확실하다'는 아리스토텔레스의 생각을 따랐다. 그리고 자신의 실험 방법을 상세하게 적어 누구나 따

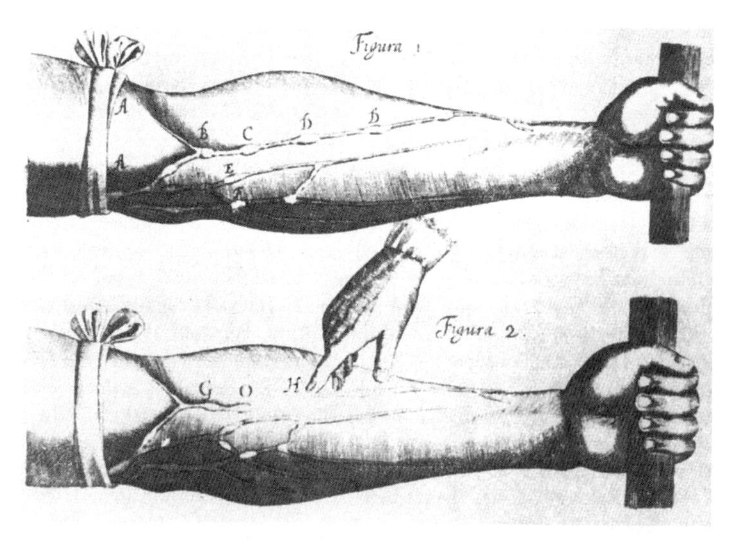

그림 4-7 하비의 책 《동물의 심장과 혈액 운동에 관한 해부학적 연구》에 실린 실험 그림

라 해 볼 수 있도록 했다. 이런 하비의 연구 방법은 실험과 증거를 중요하게 여기는 근대 과학의 시작이었다.

도움닫기

어떻게 사람의 몸속을 연구했을까?

인체를 치료하기 위해서는 인체 내부가 어떻게 생겼는지를 자세히 알아야만 한다. 하지만 여러 문화권에서 인체 해부는 종교, 문화, 윤리적인 문제로 오랫동안 금지됐다. 그래서 고대 인도 의사들은 사람의 몸을 해부하는 아주 특별한 방법을 고안하기도 했다. 시신을 풀로 엮은 가방에 넣은 뒤 인적이 드문 강가 물에 담가 두는 것이다. 일주일쯤 지나 건져낸 시신은 피는 전부 빠져나간 상태고, 물에 불어 대나무 솔로 피부를 벗길 수 있었다. 이렇게 인체의 내부 구조를 연구한 고대 인도 의사들은 세계에서 가장 뛰어난 해부학 지식을 가질 수 있었다.

기원전 4세기 무렵 고대 학문의 중심지였던 알렉산드리아에서는 사람의 시체 해부가 허용되었다. 심지어 알렉산드리아의 의사 헤로필루스와 에라시스트라투스는 시체는 물론 살아있는 사람도 해부했다. 당시 왕이 범죄자를 산 채로 해부하도록 허가했기 때문이다. 이때 정리한 해부학 지식은 알렉산드리아 도서관에 보관했지만 도서관이 파괴되면서 사라졌다고 한다.

13세기에 들어오면서 유럽은 종교적 제약에서 벗어나 인간의 몸을 해부할 수 있게 되었다. 그렇지만 여전히 칼을 사용하는 일은 천박한 일로 여겨졌기에 14세기가 되어서야 의사가 직접 해부를 할 수 있었다. 이 시기 의과 대학들은 1년에 1건 정도의 해부를 했다.

해부학 발전에 결정적인 공헌을 한 사람은 벨기에 출신 의사 안드레아스 베살리우스이다. 그는 프랑스에서 의학을 공부한 후 해부학 연구에 전념했는데, 더 많은 시체를 해부하기 위해 사형당한 죄수의 시체를 훔치기도 하고 무덤을 파헤쳐서 시체를 구했다고도 한다.

19세기에도 인체 해부는 쉬운 일이 아니었다. 해부할만한 몸을 구하는 일이 어려웠고, 해부를 위한 시체는 비싸게 거래되기도 했다. 그래서 영국이나 미국에서는 시체를 비싼 값에 팔기 위해 갓 매장된 무덤을 파헤치거나 심지어는 살인을 저지르는 사람도 생겨날 정도였다. 이런 어려움에도 불구하고 인체의 구조를 완벽하게 이해해서 질병을 치료하고 의학을 발전시키려는 노력은 계속되었다. 1858년에는 영국의 해부학자 헨리 그레이가 《그레이 해부학》을 펴냈는데, 요즘도 의학을 공부하는 학생들이 이 책을 참고한다.

5장

진리의 바다를 노닐던 소년

아이작 뉴턴

Isaac Newton, 1643~1727

1663년, 케임브리지 대학의 학생 아이작 뉴턴은 작은 노트에 이렇게 썼다.

"사물의 원래 성질을 알려면 사물들이 어떻게 서로 작용하는지를 알아보는 것이 믿을 만하고 바른 방법이다."

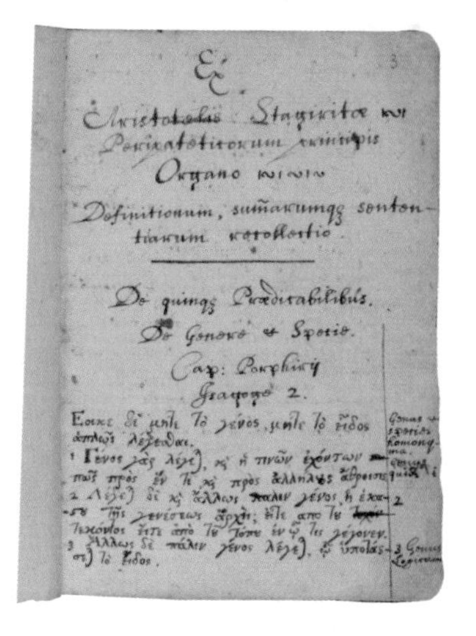

그림 5-1 케임브리지 대학생 시절 뉴턴의 노트

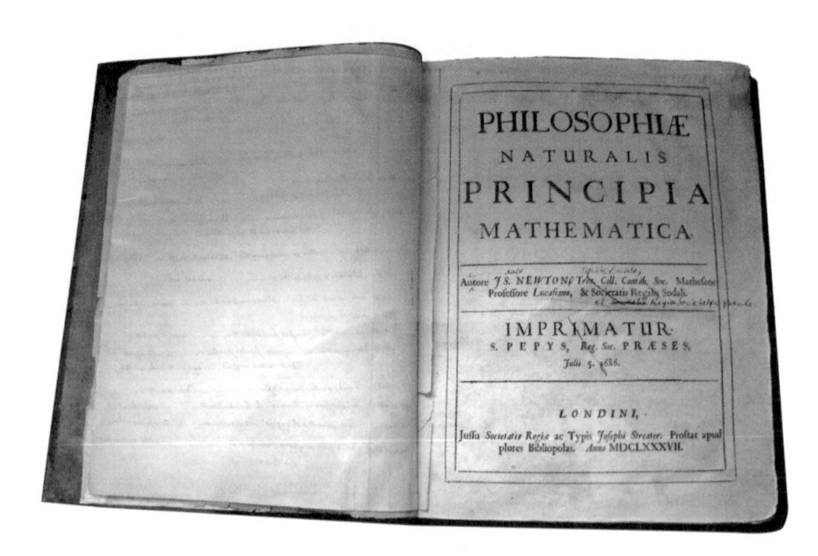

PHILOSOPHIÆ
NATURALIS
PRINCIPIA
MATHEMATICA.

Autore IS. NEWTON, Trin. Coll. Cantab. Soc. Matheseos Professore Lucasiano, & Societatis Regalis Sodali.

IMPRIMATUR.
S. PEPYS, Reg. Soc. PRÆSES.
Julii 5. 1686.

LONDINI,
Jussu Societatis Regiæ ac Typis Josephi Streater. Prostat apud plures Bibliopolas. Anno MDCLXXXVII.

그림 5-2 뉴턴의 대작 《자연철학의 수학적 원리》

뉴턴은 이 노트를 항상 가지고 다니며 떠오르는 생각과 앞으로 연구하려는 내용을 적었다. 그의 관심 분야는 공기, 흙, 물질, 시간과 영원, 영혼 등에 걸쳐 다양했다. 어떤 제목 아래에는 아무것도 쓴 것이 없었지만, 어떤 제목 아래에는 자기 생각을 수십 페이지나 적어두었다. 노트에 쓴 제목 아래 생각을 채우고, 고치고, 새로운 제목을 더하는 것은 뉴턴에게 매우 중요한 일이었다.

1684년, 41세의 뉴턴은 케임브리지 대학 교수이자 유명한 학자로 전 유럽에 이름을 날리고 있었다. 어느 날 에드먼드 핼리라는 젊은 천문학자가 뉴턴을 찾아와 '행성의 궤도를 계산하는 방법'을 물었다. 뉴턴은 이전에 계산해 둔 것을 찾으려 했지만, 산더미 같은 책과 자료 사이에서 찾을 수가 없었다. 뉴턴은 나중에 보내 주겠다 하고 핼리를 돌려보냈다. 핼리가 돌아간 후 뉴턴은 다시 계산을 시작했고 핼리는 3개월 후 뉴턴에게서 아홉 장짜리 「움직이는 물체의 회전에 관하여」라는 논문을 받을 수 있었다.

뉴턴은 핼리에게 답을 한 후 문제의 기초를 좀 더 확실하게 다져 놓겠다고 결심하고는 수십 년간 자신의 고민과 연구 결과를 정리해 1684년 책으로 출판했다. 이 책이 새로운 과학의 시대를 열게 한 위대한 작품 《자연철학의 수학적 원리》, 일명 '프린키피아'이다.

과학의 거대한 나무,
싹이 트고 자라다

학자가 되기까지

뉴턴은 1642년 새벽 영국 중부 울즈소프 농장에서 태어났다. 뉴턴은 아주 작고 약하게 태어나 사람들은 아이가 무사히 건강하게 자랄 수 있을지 걱정했다. 뉴턴의 아버지는 농부였는데 뉴턴이 태어나기 몇 달 전에 세상을 떠났다. 어머니는 뉴턴이 세 살 되던 해 옆 마을의 목사와 다시 결혼하여 뉴턴을 남겨둔 채 집을 떠났고, 어린 뉴턴은 외할아버지와 함께 살았다. 뉴턴은 외롭고 우울한 어린 시절을 보냈다. 뉴턴이 11세가 되던 해, 재혼했던 목사가 사망하자 어머니는 새로 낳은 세 명의 아이와 울즈소프로 돌아와 함께 살았다.

그림 5-3 뉴턴이 살던 울즈소프의 집

12세가 된 뉴턴은 집에서 10km 떨어진 작은 도시 그랜트햄에 있는 킹스 스쿨에 들어갔다. 이 학교에서 뉴턴은 라틴어와 그리스어, 성경 등을 공부했다. 킹스 스쿨에 다니던 시절 뉴턴은 기계를 만지고 새로운 것을 만드는 데 뛰어난 재능을 드러냈다. 그는 제대로 작동하는 풍차 모형, 밝게 빛나는 등불을 매단 채 하늘에 날리는 연과 같은 재미있는 물건을 만들며 행복한 시절을 보냈다.

뉴턴이 15세가 되었을 때, 아들이 읽고 쓰기를 배운 후에는 농부가 되기를 바랐던 어머니가 뉴턴을 집으로 불러들였다. 하지만 뉴턴의 재능을 알아본 킹스 스쿨의 교장 스토크스 선생님은 울즈소프 농장을 직접 찾아가 뉴턴을 계속 공부시켜야 한다고 어머니를 끈질기게 설득했다. 결국 선생님의 정성에 못 이긴 어머니는 뉴턴이 계속 공부하도록 허락했다. 뉴턴은 다시 킹스 스쿨로 돌아갔고, 졸업 후에는 케임브리지 대학 트리니티 칼리지에 입학했다.

그림 5-4 아이작 뉴턴

뉴턴은 스스로의 힘으로 학교에 다니고 싶었다. 그래서 뉴턴은 학교 식당에서 일하고, 학교 직원이나 선배의 심부름을 하거나 때로는 아침에 일찍 일어나기 어려워하는 학생을 깨워주면서 학비를 벌었다.

뉴턴은 대학에서 논리학, 윤리학, 역사학 등 많은 고전을 배웠고 항상 노트를 가지고 다니며 중요한 생각을 적었다. 또한 코페르니쿠스, 케플러, 갈릴레이의 새로운 천문학에 관한 책을 즐겨 읽었으며, 하늘의 별을 관찰하는 데 푹 빠져 지내기도 했다. 1664년과 1665년에 혜성을 직접 관찰한 뉴턴은 '빛나는 물체가 어떻게 하늘을 빠른 속도로 움직이는지'를 알고 싶었다. 밤새 잠도 자지 않고 별을 관측하던 뉴턴은 낮에 정상적인 생활을 하지 못할 정도였고, 거울에 비친 태양을 쳐다보다가 눈을 다칠 뻔했다고 한다. 그는 수학도 열심히

그림 5-5 런던 대화재 그림

공부했다. 유클리드의 《기하학원론》이나 데카르트의 《방법서설》처럼 유명한 책을 혼자 차근차근 자세히 읽고 공부해서 곧 엄청난 수학 실력을 갖추었다.

페스트와 대화재

1665년 영국 런던에 치명적인 전염병 '페스트'가 유행해서 런던 인구의 4분의 1에 달하는 10만여 명이 사망했다. 케임브리지 대학도 문을 닫아걸었고, 학생들은 저마다 뿔뿔이 흩어졌다. 뉴턴도 페스트를 피해 고향인 울즈소프로 갔다.

뉴턴은 울즈소프에서 철학과 수학 공부에 전념했다. 나무에서 떨어지는 사과를 보고 만유인력의 법칙에 대한 아이디어를 얻은 것도 이때이며, 프리즘을 가지고 빛의 성질에 대한 실험을 처음 한 것도 이때였다. 이때 얻은 새로운 생각은 훗날 그가 쓴 책에서 제대로 모습을 드러낸다.

페스트의 기세는 한풀 꺾였지만 1666년에는 런던에 큰 화재가 발생해서 1만 3천여 채의 집과 수많은 건물이 타버렸다. 영국 왕립 의사협회 건물과 윌리엄 하비의 도서관, 박물관이 타버린 것도 이때이다. 화재 때문에 케임브리지 대학이 문을 여는 날도 연기되었고 뉴턴은 1667년에야 다시 대학으로 돌아갈 수 있었다. 뉴턴은 석사 과정에 들어가 대학의 특별 연구원이 되었다. 이듬해 석사 학위를 받은 뉴턴은 1669년에 27세의 나이로 케임브리지 대학 수학과 교수가 되었다.

반사 망원경으로 이름을 날리다

갈릴레이가 손수 망원경을 만들어 하늘을 관찰한 것처럼 뉴턴도 직접 망원경을 만들었다. 갈릴레이가 만든 망원경은 볼록렌즈와 오목렌즈를 이용한 굴절 망원경이었다. 굴절 망원경은 빛이 렌즈를 통과할 때 여러 색이 서로 다른 각도로 휘기 때문에 초점이 조금씩 달라져 대상이 흐릿하게 보인다. 그런데 빛을 거울로 반사해서 모든 색을 하나의 초점에 모으면 대상이 뚜렷하게 보인다. 이 원리를 이용한 망원경이 '반사 망원경'이다.

뉴턴은 가운데가 오목하게 들어간 접시 모양의 금속판에 구리, 주

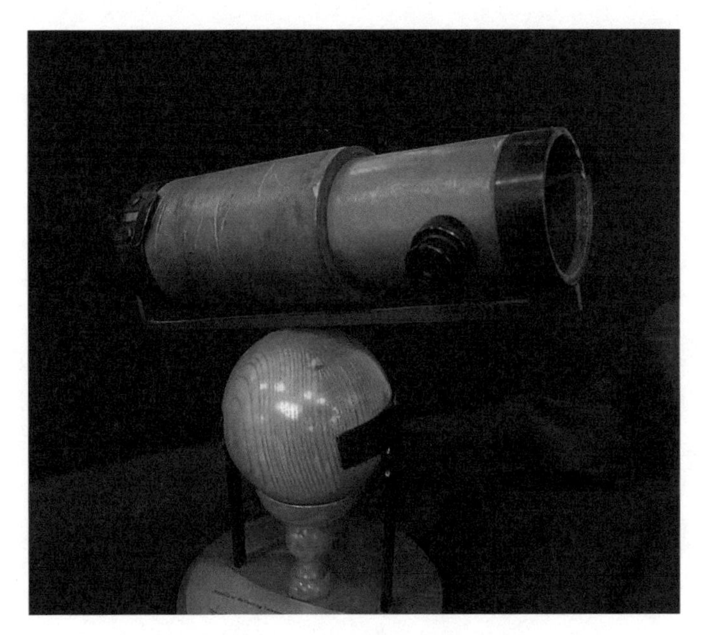

그림 5-6 뉴턴이 왕립학회에 보낸 망원경의 복제품

석, 비소를 발라 거울을 만들었다. 그리고 다른 부속을 추가해서 길이가 1.8m 정도 되는 반사 망원경을 만들었다. 이 망원경은 대상을 40배 정도 크게 볼 수 있었고, 목성의 달을 뚜렷이 관측할 수 있었다.

뉴턴의 반사 망원경은 과학계의 큰 관심을 끌었고, 왕립학회 회원들은 이 망원경을 직접 보고 싶어 했다. 1671년 뉴턴의 지도교수였던 아이작 배로가 망원경을 런던에 가져가 왕립학회 회원들에게 보여주었고, 그 후 바로 영국 국왕 찰스 2세의 궁전으로 가져갔다. 찰스 2세는 이 망원경을 매우 소중히 다루었다고 한다. 당시 학자들은 이 망원경을 '뉴턴의 기적의 망원경'이라 불렀으며, 망원경으로 이름을 떨친 뉴턴은 왕립학회의 회원이 되었다.

영국 왕립학회

영국 왕립학회는 1660년 찰스 2세의 후원으로 만들어진 모임이다. 과학계를 이끄는 학자들이 모여 새로운 이론을 서로 나누고 세상에 알렸다. 왕립학회 회원들은 정기적으로 〈영국 왕립학회 회보〉를 펴냈는데, 이 회보는 여러 과학 전문 잡지의 표본이 되었다. 역대 회원 중에는 많은 노벨상 수상자와 세계적으로 유명한 학자들이 있다.

뉴턴의 연구와 발견

훗날 뉴턴은 1663년부터 1668년 사이에 대부분의 중요한 연구를 했다고 말했다. 하지만 뉴턴은 자신이 알아낸 사실을 바로 세상에 알리기보다는 시간을 두고 다듬은 후에 책으로 정리했다. 그래서 그의 연구 결과가 사람들에게 알려지기까지는 시간이 더 걸렸다.

뉴턴의 연구는 크게 셋으로 나눌 수 있다. 물체가 서로 끌어당기는 힘인 만유인력에 관한 연구, 빛의 성질을 밝힌 광학 연구, 그리고 미분과 적분을 만들어낸 수학 연구가 그것이다.

그림 5-7 뉴턴이 만유인력의 법칙에 관한 아이디어를 얻었다고 하는 뉴턴의 집 뜰의 사과나무

만유인력의 법칙

전염병 페스트의 유행을 피해 런던을 떠나 고향 집에 머물던 어느 날, 뉴턴은 나무에서 떨어지는 사과를 보고 이렇게 생각했다.

"물체가 땅으로 떨어지게 하는 힘, 지구의 중력이 나무 꼭대기까지 힘을 미친다면, 산꼭대기처럼 더 높은 곳에서는 어떨까? 하늘에 떠 있는 달까지 지구의 힘이 미친다면 어떻게 될까? 만일 지구의 중력이 사과와 달에 같은 힘을 미친다면, 사과는 땅으로 떨어지는데 달은 왜 떨어지지 않고 지구를 돌까?"

과거 아리스토텔레스는 모든 물체가 불, 공기, 물, 흙의 성질을 가진 물질로 이루어져 있으며 이 물질은 저마다 자기의 원래 위치로 돌아가려는 힘이 있다고 주장했다. 즉, 흙의 성질을 가진 물질은 땅으로 돌아가려는 성질 때문에 땅으로 떨어진다는 것이다.

16세기 영국의 과학자 윌리엄 길버트(1544~1603)는 지구를 하나의 커다란 자석과 같다고 생각했다. 북극과 남극은 자석의 양극과 유사하고, 물체가 땅으로 떨어지는 이유는 지구라는 강력한 자석의 힘 때문이라는 것이다. 이 이론은 갈릴레이, 케플러 등 후대 물리학자에게 큰 영향을 끼쳤고, 특히 케플러는 이를 바탕으로 천체의 궤도를 연구했다. 뉴턴은 이러한 앞선 연구를 받아들이고 물체와 중력의 관계를 연구하기 시작했다.

뉴턴은 '물체 사이에서 당기는 힘은 질량의 곱에 비례하고, 거리의 제곱에 반비례한다'는 '만유인력의 법칙'을 정리했다. 만유인력이란 '만물에는(만 萬) 당기는(인 引) 힘(력 力)이 있다(유 有)'라는 뜻으로, 영어로는 보편적인 중력universal gravity이라고 한다. 이 법칙에 따르면 물체가 끌어당기는 힘은 물체의 질량이 클수록 커지고, 거리가 멀어질수록 작아진다.

《프린키피아》에서 소개된 만유인력의 법칙은 세상을 놀라게 했다. 아리스토텔레스 이후 사람들은 지상은 항상 변화하는 불안정한 세계이고 천상은 변하지 않는 영원한 세계라고 믿었다. 사람들은 지상과 천상에는 다른 원리가 적용되며, 하늘의 별은 완벽한 원을 그리면서 영원히 변함없이 움직인다고 생각했다. 코페르니쿠스와 갈릴레이도 별들은 항상 같은 속도로 완벽한 원운동을 한다고 믿었다.

하지만 뉴턴은 하늘의 별도 만유인력의 법칙을 따라 움직인다는 사실을 간단한 수학으로 계산해냈다. 이제 사람들은 사과가 땅에 떨어지는 현상과 달이 지구를 도는 현상을 하나의 원리로 설명할 수 있게 되었다.

운동의 법칙

《프린키피아》에는 흔히 '뉴턴의 세 가지 운동 법칙'이라고도 불리는 중요한 운동 법칙이 실려 있다.

첫 번째는 '관성의 법칙'이다. 갈릴레이 편에서 본 것처럼, 움직이는 물체는 계속 움직이려고 하며 정지한 물체는 계속 정지해 있으려 한다. 버스를 타고 가다가 버스가 갑자기 멈추면 몸이 앞으로 쏠리는데, 이것은 버스와 함께 앞으로 움직이던 몸이 계속 앞으로 움직이려고 하는 관성 때문이다. 반대로 버스가 갑자기 출발하면 몸은 뒤로 쏠리는데 이 역시 멈춰 있던 몸이 계속 멈춰 있으려 하는 관성 때문이다. 그렇기 때문에 정지된 물체를 움직이게 하거나, 움직이는 물체를 정지하게 하려면 다른 힘을 가해야 한다.

두 번째는 '가속도의 법칙'이다. 운동하는 물체는 힘을 가한 방향으로, 가해지는 힘이 셀수록 빠르게 움직인다. 이때 물체가 무거우면 무거울수록 움직이는 데 더 많은 힘이 필요하다. 만일 무거운 물체와 가벼운 물체에 같은 힘을 가하면 무거운 물체는 느리게 움직이고 가벼운 물체는 그보다 빠르게 움직인다. 이 법칙은 F=ma(힘=질량×가속도)로 간단히 쓸 수 있다. 무거운 볼링공과 가벼운 배구공을 같은 힘으로 던졌을 때 볼링공(질량이 큼)보다 배구공(질량이 작음)이 더 빠르게 멀리 날아가는 것은 가속도의 법칙 때문이다.

세 번째는 '작용-반작용의 법칙'이다. 어떤 물체 A가 다른 물체 B에 힘을 가하면, B도 A에 같은 크기이지만 반대 방향의 힘을 가한다. 대포로 포탄을 쏘면 포탄은 앞으로 날아가고, 대포는 그 힘만큼 뒤로 밀려난다. 앞으로 나가는 '작용'에 대해 반대 방향의 '반작용'이 생기기 때문이다. 또 벽을 손으로 밀면 몸이 그만큼 뒤로 밀려난다. 이것도 내가 벽에 가하는 힘(작용)에 대해 벽도 나를 뒤로 밀어내는 힘(반작용)을 가하기 때문이다. 뉴턴의 운동 법칙은 이후 수많은 실험과 관찰로 입증되었으며, 힘이 물체의 운동에 미치는 영향을 연구하는 '동역학'이라는 물리학의 세부 분야를 만들어냈다.

사과와 달의 문제

그렇다면 다시 뉴턴이 던졌던 질문으로 돌아가 보자. 사과는 중력 때문에 땅으로 떨어지는데 달은 지구로 떨어지지 않고 궤도를 돈다. 그 이유는 무엇일까?

만유인력의 법칙에 따르면 세상 만물에는 당기는 힘이 있다. 즉, 지구와 사과도 서로 끌어당긴다. 지구가 당기는 힘과 사과가 당기는 힘은 서로 반대 방향이지만 같은 크기이다(작용-반작용의 법칙). 그런데 지구와 사과는 질량이 다르다. 지구에 비하면 사과의 질량은 매우 작다. 물체의 운동 상태를 바꾸려면 힘이 필요한데(관성의 법칙), 이 힘은 질량이 클수록 강해진다(가속도의 법칙). 지구와 사과 사이의 당기는 힘은 지구의 운동 방향을 바꿀 만큼 크지 않지만, 사과의 운동 방향을 바꾸기에는 충분하다. 그래서 사과는 땅에 떨어진다.

만약 사과가 당기는 힘에 충분한 힘을 더할 수 있으면 사과는 땅에 떨어지지 않는다. 뉴턴은 이것을 《프린키피아》에서 대포 발사 그림으로 설명했다.

그림 5-8처럼 산 위에서(V) 수평으로 대포를 쏜다고 해 보자. 포탄은 얼마간 날아가다 중력 때문에 땅에 떨어진다(D, E). 더 강한 힘으로 쏘면 포탄은 조금 더 멀리 날아가겠지만 그래도 땅에 떨어진다(F, G). 하지만 지구를 한 바퀴 돌 수 있을 정도로 강한 힘으로 쏜다면 포탄은 지구의 둥근 면을 따라 지구를 돌 것이다. 만일 공기의 저항이 없다면 관성의 법칙에 따라 지구를 계속 돌 것이다(H). 인공위성이 지구 궤도를 도는 것도 이 원리를 이용한 것이다.

그림 5-8 뉴턴의 대포

뉴턴은 달도 사과와 다르지 않다고 생각했

다. 달과 지구도 서로 끌어당긴다. 지구는 달을 지구의 중심으로 끌어당기고, 달은 지구가 당기는 힘과 반대 방향으로 당기는데, 이 두 힘의 작용으로 달은 지구의 주위를 돌게 된다. 마치 끈에 돌을 매달아 돌릴 때 돌은 바깥으로 튕겨 나가려 하고, 끈은 돌이 날아가지 못하도록 하는 것처럼 말이다. 이 법칙은 지구와 달 뿐 아니라 태양과 지구, 태양과 다른 행성에도 모두 작용한다. 뉴턴은 아주 작은 원자에서부터 거대한 행성과 우주 공간에 모두 같은 원리가 작용한다는 것을 밝혔다.

일곱 빛깔 무지개

뉴턴은 유리로 만든 삼각기둥 모양의 프리즘으로 빛이 나타내는 색을 연구했다. 그는 작은 구멍을 통해 나온 빛을 프리즘에 통과시키면 여러 색으로 나눠지는 것을 관찰했다. 그리고 프리즘을 통과한 여러 빛 중에서 한 가지 색의 빛을 골라 다시 두 번째 프리즘을 통과하게 하면 색이 변하거나 여럿으로 나타나지 않는다는 것을 발견했다. 이 실험 결과에서 뉴턴은 흰색 빛(백색광)은 여러 색을 가진 빛의 혼합이라는 결론을 내렸다.

뉴턴은 1703년에 그동안 빛의 반사와 굴절, 백색광을 여러 색으로 분리하는 실험, 렌즈를 이용하는 실험, 반사 망원경의 자세한 구조 등을 정리해 《광학》이라는 책을 펴냈다. 그는 이 책에 빛과 관련된 연구 외에도 음식의 소화, 혈액 순환, 세상의 창조, 노아의 홍수, 꿈에 나타난 형상 등 자신이 관심을 가졌던 세상의 모든 이야기를 다 모아 두었다.

그림 5-9 뉴턴의 프리즘 실험. 창가의 작은 구멍으로 들어오는 빛을 프리즘에 비추면 빨주노초파남보의 색으로 분산된다. 이 중 주황-노랑 부분만을 다시 다른 프리즘에 통과시키면 여러 색의 빛이 아닌 원래 색만 나타난다.

미적분과 라이프니츠

시속 60km는 평균적으로 한 시간에 60km의 거리를 움직인다는 뜻이다. 차가 한 시간 내내 같은 속도로 움직이지는 않는다. 건널목에서는 잠시 멈추기도 하고, 복잡한 거리에서는 천천히 달리기도 하고, 한가하고 넓은 길에서는 빠르게 달린다. 이러한 상황을 고려하여 60km의 거리를 움직이는 데 한 시간가량 걸린다는 것을 의미한다. 이렇게 속도는 거리를 시간으로 나눠서 표시한다(60km/1시간).

하지만 움직이는 물체의 특징을 정확히 알기 위해서는 평균 속도가 아닌 어떤 한순간의 속도를 알아야 한다. 이때 사용하는 계산법이 '미분'이다. 뉴턴은 행성이 궤도를 움직이는 순간의 속도를 계산하기 위해

1665년 미분 계산법을 만들었다.

1675년 독일의 수학자 라이프니츠도 미분 계산법과 도형의 면적을 구하는 적분 계산법을 만들었다. 이 사실이 알려지자 뉴턴은 자신이 먼저 미적분을 발견했으며 라이프니츠가 자신의 연구를 훔쳤다고 비난했다. 두 사람은 누가 최초인지를 두고 심하게 다퉜고, 결국 영국 왕립학회는 특별위원회를 만들어 두 사람 중 누가 먼저 미적분 계산법을 알아냈는지를 심사했다. 결과는 뉴턴의 승리였는데, 영국 왕립학회가 뉴턴의 편이었고 심사위원도 뉴턴이 골랐기 때문에 이 심사는 공평하지 못했다고 볼 수 있다.

훗날 미적분은 뉴턴과 라이프니츠가 따로 발견한 것으로 인정되었다. 그리고 오히려 라이프니츠의 방식이 살아남아, 오늘날 사용하는 미적분 기호는 라이프니츠가 만든 것이다.

영광의 시절

《프린키피아》 발표 이후 뉴턴의 이름은 전 유럽에 퍼졌다. 그는 1689년에 영국 의회의 의원이 되었으며, 1695년 영국 정부 조폐국* 부국장이, 1699년에는 국장이 되었다.

뉴턴은 조폐국에서 바쁘게 일하면서도 연구를 게을리하지 않았다. 1697년 수학자 베르누이는 어려운 수학 문제 두 개를 여러 학자에게 보내

• 국가의 화폐를 만들고 가짜 돈을 만드는 위폐범을 잡는 정부 기관

풀어보도록 했다. 한 문제는 라이프니츠가 풀었고, 다른 한 문제는 아무도 풀지 못한 상황이었다. 뉴턴은 조폐국에서 일하고 퇴근한 저녁 시간을 사용해서 두 문제를 다 풀어 보냈다. 이를 받은 베르누이는 "사자는 발톱만 보아도 정체를 알 수 있다"라고 감탄했다. 뉴턴의 실력은 수학 문제 풀이만 봐도 알 수 있다는 뜻이다.

조폐국장이 되고 얼마 지나지 않아 뉴턴은 케임브리지 대학 교수 자리에서 물러나고 의회 의원도 그만둔다. 하지만 1703년에는 영국 왕립학회 회장이 되었으며 1705년에는 영국의 앤 여왕으로부터 기사 작위를 받았다.

바닷가의 어린아이, 뉴턴

나이가 들어도 뉴턴의 능력은 여전했다. 그는 82세에도 안경을 쓰지 않았고, 복잡한 계산도 암산으로 해냈다. 하지만 그도 나이듦은 어쩔 수 없어서 1726년에는 조폐국 일에서도 물러났고, 왕립학회에도 빠지는 날이 많았다. 1727년 2월 왕립학회 모임 때문에 런던에 다녀온 뉴턴은 갑자기 병이 심해져 앓아 누웠다가 3월 20일 세상을 떠났다. 뉴턴은 죽기 전에 이런 글을 남겼다.

"나는 바닷가에서 놀고 있는 소년이었다. 거대한 진리의 바다는 아무것도 가르쳐주지 않으며 그저 내 앞에 펼쳐져 있었고, 나는 이 바닷가에서 놀면서 때때로 보통보다 매끈한 조약돌이나 더 예쁜 조개를 찾으면 즐거워했다."

갈릴레이는 땅의 법칙을 찾아냈고 케플러는 하늘의 법칙을 찾아냈다. 땅과 하늘이 모두 같은 법칙으로 움직인다는 것을 보인 '과학에서 대적할 사람이 없었던 위대한 거인' 아이작 뉴턴은 바닷가에서 신기한 물건을 찾고 기뻐하는 어린아이였다.

그림 5-10 웨스트민스터 사원에 있는 뉴턴의 무덤

뉴턴의 장례식은 성대하게 치러졌고, 그의 무덤은 위대한 시인, 과학자, 정치가들이 묻혀 있는 웨스트민스터 사원에 마련되었다.

도움닫기

수학도 과학일까?

뉴턴이 쓴 책 《자연철학의 수학적 원리》의 제목을 풀어보면 '세상에 존재하는 것의 근본 이치는 수학으로 풀 수 있다'라는 뜻이다. 뉴턴은 제목 그대로 고전 역학의 기본 법칙을 수학으로 정리했다. 이는 수학 원리를 현실 세계에 적용할 수 있다는 가정을 기본으로 한다.
숫자, 양, 구조, 공간 및 변화를 다루는 학문 '수학'은 오랜 옛날부터 인류와 긴밀히 연관되어 있었다. 시장에서 물건을 사고팔 때, 나라에서 세금을 거두기 위해 땅의 넓이를 측정하고 거둬들인 곡식의 양을 측정할 때, 사원이나 궁과 같은 건물을 지을 때, 천체의 움직임을 관측하고 예측할 때 간단한 계산부터 복잡한 수식까지 수학이 꼭 필요했다.

그런데 '수학'도 '과학'일까? 학교에서는 물리학, 화학, 생물학은 과학에 포함되지만 수학은 과학과 다른 과목으로 나누어져 있다.
과학은 자연이나 인간 사회에서 일어나는 현상을 관찰하고 실험해서 결과를 얻은 후 그 결과가 사실에 들어맞는지 검증한다. 하지만 수학은 직접 눈으로 볼 수 없는 대상을 논리에 근거하여 탐구한다. 과학 지식은 귀납 추론*으로 얻을 수 있지만, 수학 지식은 이미 사실로 알려진 공리를 바탕으로 하는 연역

- 개별적인 특수한 사실이나 현상에서 일반적이고 보편적인 법칙을 유도해 내는 추론 방식

추론[**]으로 얻어진다. 이렇게 보면 수학은 과학이 아니다.

또는 수학을 '형식 과학(Formal Science)'으로 구분하는 학자도 많다. 형식 과학은 인간의 사고를 통해 만들어지는 추상적인 규칙을 연구하는 학문이다. 예를 들어 형식 과학에서는 통계학, 인공지능, 게임 이론과 같이 어떤 시스템과 관련된 형식 언어 분야를 연구한다. 또 어떤 사람들은 수학의 아름다움과 미학적인 측면을 강조해서 수학이 마치 예술과 같다고 한다.

여러 주장이 있고 어느 것만이 바르다고 하기는 어렵다. 하지만 수학이 실험이나 관찰을 수단으로 하는 자연과학과는 다르다는 점, 추상적인 세계를 탐구한다는 점, 모든 과학 분야에서 활용되는 도구이자 새로운 발견을 이끄는 힘이라는 점은 확실하다.

현재 과학과 기술 발전은 수학 없이는 불가능하다. 천문학, 물리학, 화학 등은 물론이고 새로 발전하는 뇌 과학, 인공지능, 빅 데이터의 수집과 분석 등 최신 정보기술 분야의 기초가 되는 것은 수학이다. 사회 현상을 분석하고 예측할 때도, 사업을 경영하면서 복잡한 환경에서 중요한 결정을 할 때도, 금융과 보안 업무에서도 수학을 활용한다.

** 일반적인 사실이나 원리를 전제로 개별적인 사실이나 특수한 다른 원리를 이끌어내는 추론 방식

6장

근대 화학의 토대를 닦다

앙투안 라부아지에

Antoine-Laurent Lavoisier, 1743~1794

1789년 7월 4일, 분노한 민중들이 바스티유 감옥을 점령하는 것으로 시작된 프랑스 혁명은 왕과 귀족이 지배하던 사회를 뒤집었다. 혁명은 수많은 목숨을 앗아갔다. 사형수가 늘어나자 사형을 더 빠르고 쉽게 집행하고, 처형되는 사람의 고통도 덜어주고자 목을 자르는 기구인 '기요틴(단두대)'이 등장했다. 프랑스 왕 루이 16세와 왕비 마리 앙투아네트, 고위 귀족과 부유층뿐 아니라 혁명을 주도한 정치가, 혁명의 흐름에 쓸려간 보통 사람들도 기요틴으로 처형되었다.

그림 6-1 기요틴으로 처형된 프랑스 왕 루이 16세

1794년 5월 8일 앙투안 라부아지에는 다른 스물일곱 명의 세금징수 업자와 함께 기요틴 앞에 섰고, 네 번째로 처형대에 올라 목숨을 잃었다. 라부아지에의 죄목은 '속임수로 나라의 재산을 축냈다'는 것이었다.

혁명 이전 프랑스 왕은 직접 세금을 걷는 대신 세금을 거둘 수 있는 권리를 사람들에게 팔았다. 세금징수 업자는 왕에게 세금을 거둘 권리를 산 다음에 농민과 상공업자에게 가혹하게 세금을 거뒀다. 당연히 프랑스 민중은 세금징수 업자를 증오했고, 혁명으로 왕을 몰아낸 프랑스 정부는 세금징수 업자들을 처벌하려고 마음먹었다. 화학자로 전 유럽에 이름을 날렸고, 훗날 화학 혁명의 주인공으로 불리는 라부아지에였지만, 젊어서부터 세금 징수사업으로 많은 돈을 벌었기 때문에 처형을 피할 수 없었다.

그림 6-2 라부아지에

라부아지에와 화학 혁명

연금술에서 화학으로

수천 년 전 고대 이집트 시대부터 사람들은 황금을 만들어 내려 했다. 아리스토텔레스는 세상의 만물이 물, 불, 공기, 흙 네 가지로 원소로 이루어져 있으며(4원소설), 물질을 구성하는 원소의 비율을 달리하면 한 물질을 다른 물질로 바꿀 수 있다고 생각했다. 이 이론에 따르면 납과 같은 값싼 물질을 구성하는 원소를 바꿔서 황금과 같은 값비싼 금속으로 만들 수 있다.

이러한 생각은 그리스를 거쳐 페르시아와 아랍 지역으로 전해졌고, 이슬람 지역의 많은 학자가 값싼 물질을 귀중한 금속으로 바꾸려는 '연금술'을 연구했다. 연금술은 11~12세기 무렵 유럽에 전해져 더욱 성행했으며 평범한 금속을 금으로 변화시키거나 현자의 돌, 혹은 마법사의 돌이라는 이름의 특수한 힘을 가진 돌을 만드는 것이 연금술을 연구하는 사람들의 목표였다. 지금은 헛된 미신이라 여기지만, 당시에는 갈릴레이나 케플러, 심지어 뉴턴 같은 내로라하는 과학자들까지도 연금술 탐구에 큰 노력을 들였다.

17세기 영국의 화학자이자 물리학자인 로버트 보일은 연금술에 합리적인 사고와 과학적인 증거를 도입했다. 그는 네 가지 원소가 여러 비율로 섞여 물질을 만든다는 아리스토텔레스의 이론이 틀렸음을 실험으로 입증하고, '모든 물질은 작은 입자의 결합으로 이루어져 있다'는 이론을 폈다. 보일 이후 18세기에 들어오면서 연금술은 점점 물질의 근본과 성질을 보다 합리적이고 과학적으로 연구하는 '화학'에 자리를 내어주었다.

그림 6-3 로버트 보일

비록 연금술은 점차 사라져갔지만, 액체를 가열해서 특별한 성분만을 끄집어내는 '증류', 물질에 섞인 불순물을 없애는 '정제'와 같이 연금술을 연구하며 얻은 기술과 여러 가지 실험 도구는 화학과 의학 발전의 밑바탕이 되었다.

화학의 발전

16~17세기 천문학과 물리학이 혁명을 맞이한 데 비해 화학의 발전 시기는 뒤늦게 찾아왔다. 화학 연구에는 더 정교한 도구와 실험이 필요했기 때문이다. 화학 연구는 18세기에 들어와서야 제대로 이뤄지기 시작했다.

조지프 블랙이라는 영국의 화학자는 물질을 가열하면 원래 무게가 변하는지, 물을 부었을 때 성질이 달라지는 물질이 있다면 부은 물의 무게와 변화한 물질의 무게는 어떻게 바뀌는지 등을 숫자로 나타내는 실험을 도입했다. 그리고 '이산화 탄소'를 발견했다.

1766년에는 헨리 캐번디시가 산(acid)과 금속이 만나면 폭발하는 기체가 만들어지는 것을 발견했다. 이 기체는 오늘날 '수소'라는 이름으로 불린다. 1774년 영국의 화학자이자 성직자였던 조지프 프리스틀리는 붉은 수은 금속(산화수은)에 볼록렌즈로 열을 가해 새로운 공기를 발견했다. 이 공기를 마시면 동물은 더 활발하게 움직였고, 이 공기가 있는 곳에서 촛불은 더 잘 탔는데, 훗날 '산소'• 라는 이름을 붙였다.

과학자의 길을 택한 라부아지에

라부아지에는 1743년에 프랑스의 마네라는 지역에서 태어났다. 11세에는 꼴레쥬 마자랭 학교에 들어가 고전문학을 배웠으며 과학 공부도 시작

• 산소를 처음 발견한 것은 스웨덴의 화학자 칼 셸레이다. 하지만 그는 이 결과를 1777년에야 발표했기 때문에 프리스틀리가 최초의 발견자로 알려졌다.

했다. 할아버지와 아버지 모두 법률가로 많은 재산을 쌓은 귀족 집안이었기 때문에 1761년에는 가업을 잇기 위해 파리 대학교에서 법률을 전공하고 법률가 자격을 얻었다. 하지만 라부아지에는 법률보다 천문학, 수학, 식물학, 지질학, 화학 등 과학에 푹 빠졌다. 결국 그는 대학을 졸업한 후에도 법률가로 활동하지 않고 과학 연구에만 전념했다.

외할머니가 돌아가시면서 남겨준 많은 유산을 물려받았기 때문에 라부아지에는 따로 직업을 갖지 않고도 자기가 하고 싶은 일을 할 수 있었다. 그는 대학을 마친 후에는 지질학 연구를 시작했고 프랑스 정부의 공식 지질 조사에도 참여해 이름을 알리기 시작했다. 1765년에는 거리의 조명 문제를 해결하는 방법에 대한 대회에 참가하여 프랑스 왕립 과학원으로부터 금메달을 받았고, 이런 공헌을 바탕으로 25세의 나이에 왕립 과학원의 회원이 되었다.

플로지스톤 이론

아리스토텔레스의 4원소설과 연금술 이론을 이어받은 독일의 화학자 요한 베허는 흙의 원소에는 '불에 잘 타는 기름 성분'이 있다고 주장했다. 그의 제자인 게오르그 슈탈은 이 성분에 '플로지스톤'이라는 이름을 붙였다.

당시 화학자들은 플로지스톤으로 연소 현상을 설명했다. 물질 내부에는 플로지스톤이 있는데, 불에 잘 타는 나무, 숯, 석유에는 플로지스톤

그림 6-4 〈과학원과 천문대 설치〉(1666) (프랑스 국립 베르사유 박물관)

프랑스 왕립 과학원

영국에 왕립학회가 있었다면 프랑스에는 왕립 과학원이 있었다. 1666년 당시 프랑스의 재상이던 콜베르가 몇몇 학자들을 선발해서 시작된 왕립 과학원은 1699년 루이 14세 때 공식적인 활동을 시작했다.

영국 왕립학회는 학자들이 회비를 모아 개인적으로 만든 모임이었지만, 프랑스 왕립 과학원은 국가 기관이었다. 회원들은 나라로부터 일정한 급료를 받았으며 프랑스 정부를 위한 연구를 해야 했다. 프랑스 혁명 이후 잠시 없어졌다가 금방 다시 문을 열었고, 영국 왕립학회와 더불어 17~18세기 유럽의 과학 발전에 커다란 역할을 했다. 현재도 수학, 물리학, 화학, 생물학, 지질학, 의학 분야의 학자들이 회원으로 연구하고 있다.

이 많고, 잘 타지 않는 돌이나 쇠에는 플로지스톤이 적다는 것이다. 플로지스톤은 물질 내부에 있을 때는 알아볼 수 없고, 불에 탈 때 불, 열, 빛의 형태로 빠져나간다고 생각했다. 플로지스톤이 다 빠져나가면 불이 꺼지며, 불에 타고 남은 재의 무게가 불에 타기 전의 물체보다 가벼운 이유는 그만큼 플로지스톤이 사라졌기 때문이다.

라부아지에의 연소 이론

하지만 플로지스톤 이론에는 큰 문제점이 있었다. 예를 들어 플로지스톤 이론에 따르면 금속을 연소했을 때도 플로지스톤이 빠져나가기 때문에 무게가 줄어들어야 했다. 하지만 금속은 연소 후 오히려 무게가 늘어

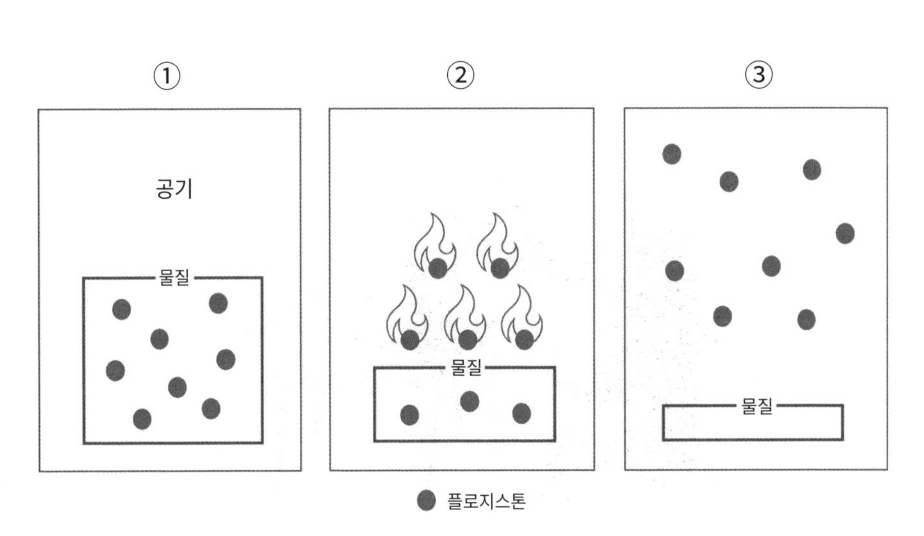

그림 6-5 플로지스톤 이론으로 보는 연소 현상

났다.

라부아지에는 물질의 연소 실험을 하면서 플로지스톤 이론에 의문을 가지기 시작했다. 그는 금속이 연소할 때 공기 중의 산소와 결합한다고 생각했다. 그림 6-6처럼 꽉 막힌 유리관에 수은을 넣고(A) 열을 가하면 붉은색의 물질인 산화수은으로 변한다. 그때 물 높이는 원래(R)보다 6분의 1만큼 높아졌는데, 이는 통(E) 안의 공기가 줄어들었다는 증거이다. 공기가 줄어든 만큼 새로 만들어진 산화수은은 원래 수은보다 무거웠다. 통 안에 남은 공기에서는 숨을 쉬기 힘들었고, 불도 붙지 않았다. 라부아지에는 이를 '유해 공기'라고 불렀다.

이후 산화수은을 다시 가열하자 물의 높이가 원래대로 낮아졌는데, 이는 통 안의 공기가 늘어났기 때문이었다. 이때 만들어진 공기는 프레스틀리가 발견했던 공기(산소)와 성질이 같았는데, 라부아지에는 이를 '호

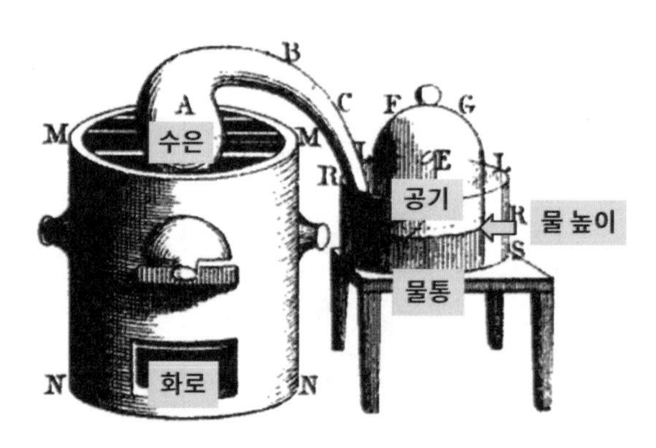

그림 6-6 라부아지에의 수은 연소 실험 장치

흡 공기'라고 했다.

유해 공기와 호흡 공기를 적당히 섞으면 자연의 공기와 성질이 같아졌다. 이 실험으로 라부아지에는 금속을 가열했을 때 무게가 증가하는 이유는 금속과 호흡 공기가 결합하기 때문임을 밝혔다. 그는 1786년 왕립 과학원 학회지에 발표한 논문으로 플로지스톤 이론을 정면으로 부정했다. 하지만 프레스틀리를 비롯한 뛰어난 동료 화학자들 대부분이 플로지스톤 이론을 고집했고, 라부아지에의 주장이 받아들여지기까지는 수십 년의 시간이 더 필요했다.

물 분해와 합성 실험

1785년 라부아지에는 여러 명의 화학자 앞에서 물을 수소와 산소로 분리하고, 산소와 수소 기체를 이용해서 물을 만드는 실험을 선보였다.

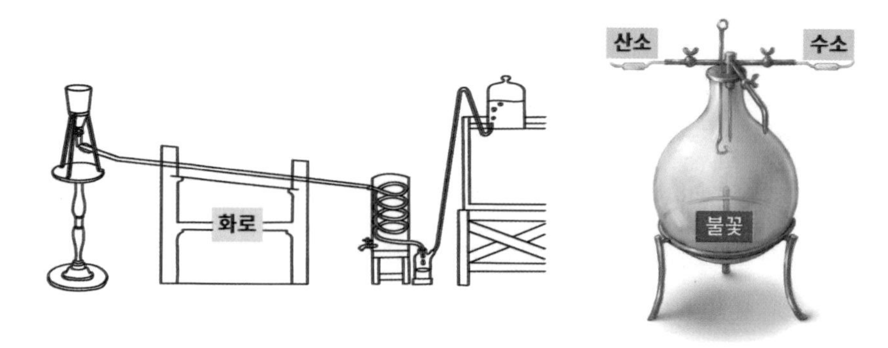

그림 6-7 라부아지에의 물 분해 실험(왼쪽)과 물 합성 실험(오른쪽)

라부아지에는 쇠로 만든 가느다란 관을 화로에 넣어 뜨겁게 달군 후 물을 흘려보냈다. 이때 쇠로 만든 관은 점점 무거워졌고, 이 관을 통한 공기를 식히면 다른 성질의 기체를 얻을 수 있었다. 쇠로 만든 관은 물을 구성하는 산소와 결합해서 무거워진 것이고, 나머지는 수소 기체로 분리된 것이다.

또한 산소와 수소를 하나의 유리통에 넣은 후 불꽃을 일으키면 물이 만들어졌다. 이 실험은 아리스토텔레스 이래 물질의 기본 원소라고 믿었던 '물'이 수소와 산소의 두 기체로 이루어져 있다는 것을 증명했다.

동물의 호흡 연구

라부아지에는 숯이 탈 때 열이 나는 것처럼 산소를 이산화 탄소로 바꾸는 동물의 몸에서도 몸에 열이 난다고 생각했다. 그는 과학원 동료인 수학자 피에르시몽 라플라스와 함께 기니피그를 실험동물로 사용해서 동물이 호흡할 때 나오는 열과 이산화 탄소의 양을 측정하고, 같은 양의 열과 이산화 탄소가 발생하려면 어느 정도의 숯을 태워야 하는지를 실험했다.

그림 6-8의 ①처럼 얼음으로 채운 통 안쪽에 기니피그를 놔두고, 공기가 들어가고 나오는 통로를 만들어둔다. 시간이 지나면 기니피그의 호흡으로 발생하는 열이 얼음을 녹이고 얼음이 녹은 물은 아래로 떨어져 그 양을 측정할 수 있었다. 공기가 빠져나가는 출구에서는 이산화 탄소

의 양을 측정할 수 있었다.

다른 통에는 ②처럼 탄소 덩어리를 넣고 볼록렌즈로 태양 빛을 모아 태우는데, 탄소의 양을 조정해서 기니피그의 호흡과 비슷한 열과 이산화 탄소를 발생시킬 수 있었다.

연구 결과를 바탕으로 라부아지에는 1780년 "호흡은 연소와 같고, 느리게 진행되기는 하지만 숯의 연소와 흡사하다"라는 내용을 발표했다. 라부아지에의 연구는 생명체의 호흡과 초가 타는 것을 동등하게 취급한 것이다. 즉, 동물도 돌멩이나 숯처럼 물리적, 화학적 법칙을 따르는 존재라는 뜻이며 이는 생명체를 설명하는 데 과학 이외의 신비한 힘이 필요하지 않다는 생각으로 발전한다.

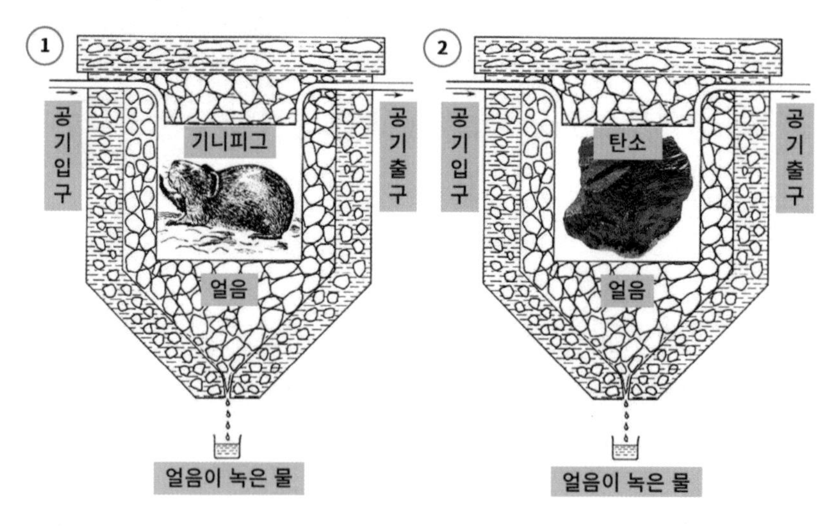

그림 6-8 기니피그의 호흡에서 발생하는 열과 이산화 탄소 측정(왼쪽)과 탄소를 태울 때 발생하는 열과 이산화 탄소 측정(오른쪽)

《화학 원론》의 출간

라부아지에는 그동안의 화학 연구를 모두 모아 《화학 원론(1792)》을 펴냈다. 이 책은 화학의 기초를 세우고 화학을 과학의 한 분야로 자리 잡게 만든 최초의 근대적인 화학 교과서로, 어떤 이들은 이 책이 화학에서 뉴턴의 《프린키피아》처럼 중요하다고 평가한다.

라부아지에는 《화학 원론》에 실험에 사용하는 여러 도구 및 실험 방법을 자세히 설명한 것은 물론, 원소가 무엇인지 정의하고 33개의 원소를 모은 '원소표'를 실었다. 또한 화학반응이 일어나도 반응 전의 질량과 반응 후의 질량이 변하지 않는다는 '질량 보존의 법칙'을 명확하게 정의했으며, 캐번디시가 발견한 기체에는 '산소', 프리스틀리가 발견한 기체에는 '수소'라는 이름을 붙였다. 이 이름들은 오늘날까지 사용되고 있다.

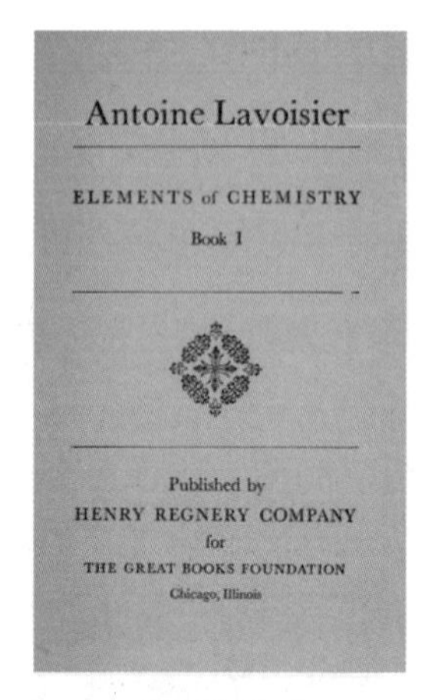

그림 6-9 《화학 원론》

라부아지에의 죽음과 그 이후

징세 업자로 처형된 라부아지에

부유한 가정에서 태어나 많은 유산을 물려받은 라부아지에는 그 돈을 1768년 세금징수사업에 투자했고, 큰돈을 벌었다. 라부아지에는 벌어들인 돈으로 하고 싶은 실험과 화학 연구를 마음껏 할 수 있었으며, 함께 세금징수사업을 하던 사업가의 딸과 결혼했다. 라부아지에의 부인 마리 앤은 실험 기구와 결과를 기록하고, 영어로 논문을 번역하는 등 라부아지에의 연구를 적극적으로 도왔다.

하지만 세금징수사업은 결국 라부아지에를 죽음으로 몰았다. 라부아지에는 1792년 왕정이 폐지되고 공화국이 수립된 후 공직에서 물러났다.

그림 6-10 마리 앤이 그린 실험 장면

당시 프랑스 정부인 국민공회는 수많은 반대파를 처형했고, 세금징수사업을 했던 사람도 체포해 재판에 넘겼다. 라부아지에도 장인과 함께 체포되어 재판을 받았다. 수소를 발견한 영국의 화학자 캐번디시는 프랑스 정부에 돈을 내고 라부아지에를 살려보려고 했지만 성공하지 못했다. 결국 라부아지에는 단두대에서 목이 잘렸다. 그의 죽음을 보고 프랑스의 수학자이자 물리학자인 조지프루이 라그랑주는 "그의 머리를 베어내는 데는 한순간이면 충분하지만, 프랑스에서 그와 같은 머리를 만들려면 100년도 넘게 걸릴 것"이라고 탄식했다고 한다.

아내 마리 앤은 라부아지에가 체포된 후 그를 살리기 위해 여러 사람을 찾아다니며 도움을 요청했다. 하지만 사람들은 국민공회의 눈치를 보고 적극적으로 나서서 도와주지 않았다. 국민공회는 라부아지에가 가진 모든 것을 압수했고 마리 앤도 체포되어 감옥에 갇혔지만, 다행히 두 달 만에 무사히 풀려났다.

그림 6-11 라부아지에와 부인 마리 앤의 초상

그가 죽고 얼마 되지 않아 라부아지에의 처형은 잘못된 결정이었다는 의견이 점점 거세졌으며, 1796년에는 라부아지에의 제자, 친구, 동료 학자가 모여 그의 성대한 장례식을 치렀다. 하지만 마리 앤은 라부아지에를 모른척했던 사람들과 아예 발길을 끊었고 장례식에도 참석하지 않았다. 훗날 라부아지에가 남긴 자료를 돌려받은 마리 앤은 평생 그의 연구를 세상에 알리는 일에 힘썼다.

라부아지에의 유산

라부아지에는 근대 화학 발전의 토대를 닦았다. 그의 원소론은 훗날 돌턴이 더 쪼개질 수 없는 작은 단위인 원자와 원자의 성질을 밝힌 '원자설'로 발전했으며, 33개의 원소를 담은 표는 멘델레예프가 만든 '주기율표(원소를 성질에 따라 배열한 표)'의 바탕이 되었다. 라부아지에는 화학을 근대 과학으로 만든 혁명가였다.

도움닫기

금과 현자의 돌을 만들려는 과학자들이 있었다고?

영국 조앤 K 롤링이 쓴 〈해리 포터〉 시리즈는 전 세계적으로 큰 인기를 끈 소설이다. 시리즈의 첫 번째 책 《해리 포터와 마법사의 돌》에 등장하는 '마법사의 돌'의 원래 이름은 '현자의 돌'이었는데, 어린이 독자들에게는 너무 어렵다는 걱정이 있어 미국에 소개될 때 이름이 바뀌었다. 현자의 돌을 사용하면 어떤 금속이라도 순금으로 바꿀 수 있고, 마시면 늙지 않고 영원히 살 수 있는 불로장수의 약을 만들 수 있다. 이 책에서는 현자의 돌이 나쁜 마법사의 손에 들어가는 것을 막기 위해 활약하는 해리와 친구들의 이야기를 흥미진진하게 그리고 있다.

'연금술(alchemy)'은 구리, 납 등의 금속을 금이나 은으로 바꾸거나 현자의 돌을 만드는 방법을 탐구하는 학문이었다. 연금술은 고대 이집트에서부터 시작되었고 이슬람 문화권에서 융성했다. 연금술을 칭하는 영어 알케미(alchemy)도 '화학'을 뜻하는 아랍어 알키미아(alkimia)에서 비롯되었다.

현자의 돌을 탐구하는 연금술사

학자들은 연금술을 연구하며 액체를 가열했을 때 생기는 기체를 다시 냉각해서 특정한 성분만을 뽑아내는 '증류', 고체에 열을 가해 바로 기체로 변하게 하는 '승화', 고체에 열을 가해 분해하는 '하소'등을 알아냈다.* 또한 증류기, 냉각 코일 등 새로운 실험 도구도 발명되었다. 이슬람 학자들은 증류법을 이용해서 향수와 화장품의 원료가 되는 물질을 뽑아냈고, 포도주에서 순수한 알코올을 얻었다.

십자군 전쟁을 치르며 이슬람의 연금술 지식이 유럽에 전해져 성황을 이뤘다. 스위스 의사이자 연금술사 파라켈수스는 연금술을 이용해서 약으로 사용할 수 있는 새로운 화학 물질을 만들어냈다. 시간이 지나며 연금술에 과학적인 방법이 도입되고, 실험 결과가 쌓이면서 연금술은 '화학'으로 발전했다.

* 훗날 '화학의 아버지'로 불리운 자비르 이븐 하이얀이 만든 방법이다.

7장

산업 혁명의 등뼈를 만들다

제임스 와트

James Watt, 1736~1819

글래스고 대학에서 각종 기구와 실험 장치를 만들고 수리하는 일을 담당하던 제임스 와트는 증기 기관• 모형을 수리해달라는 요청을 받았다. 대학에는 학생을 가르치기 위해 크기는 작아도 실제와 똑같이 움직이는 뉴커먼 증기 기관 모형이 있었는데, 이 모형이 고장난 것이다. 와트는 어렵지 않게 수리를 마쳤고 증기 기관은 정상적으로 움직였다. 하지만 와트는 만족하지 못했다. 뉴커먼 기관을 움직이는 데는 증기가 너무 많이 필요하다는 것이 계속 마음에 걸린 와트는 적은 양의 증기로 더 큰 힘을 내

• 물을 끓여 만든 증기의 부피가 커졌다 줄어들었다 하는 현상을 이용해서 힘을 만들어 내는 기계

는 방법을 찾기 위해 고민했다.

처음 뉴커먼 모형을 수리한 날부터 2년이 지난 어느 휴일 오후, 와트는 동네 골프장을 산책하던 중 불현듯 증기 기관을 더 좋게 만드는 방법을 떠올렸다. 2년 넘게 고민하던 문제들이 머릿속에서 정리가 되자 와트는 새로운 아이디어를 즉시 실험에 옮겼다. 그때부터 4년 여에 걸쳐 다양한 실험을 한 와트는 1768년 자신의 증기 기관을 완성했고 그다음 해 영국 특허청에 등록해 특허권을 얻었다. 이후 거듭해서 성능이 좋아진 와트의 증기 기관은 산업 혁명의 가장 중요한 원동력이었다.

과학과 기술

과학은 세상의 기본 원리나 규칙을 '발견'하는 일이다. 갈릴레이와 뉴턴은 물리학과 천문학의 법칙을 발견했고, 라부아지에는 물질의 원리를 발견했다. 하지만 과학의 발전이 사람들의 일상을 바꾸지는 못했다. 원리와 규칙이 발견되고 이를 이용한 도구와 기계가 발명되어야만 비로소 우리 생활에도 변화가 찾아온다. 과학에서 발견된 원리에 따라 인간에게 도움을 주는 새로운 물건을 '발명'하는 것은 기술의 역할이다.

과학자와 기술자

과학을 탐구하는 사람을 '과학자'라고 하고, 새로운 물건을 만드는 사람은 '기술자' 라고 한다. 과학자와 기술자는 특징이 다르다. 과학자는 연구를 통해 자연의 비밀을 밝히는 데서, 기술자는 뚜렷한 목적을 가지고 새롭고 뛰어난 물건을 만드는 데서 즐거움과 보람을 찾는다.

이런 차이 때문일까, 과학자와 기술자는 언제나 그리 사이가 좋지 않았다. 과학자는 기술자를 '생각의 폭이 좁고, 새로운 사상에 관심이 없는 사람'이라고 낮잡아 보았고, 기술자는 과학자를 '실제 활용할 수 있는 지식에 관심이 없고, 현실성 없는 헛된 이론만 탐구하는 사람'이라고 비난하기도 했다.

하지만 과학과 기술, 과학자와 기술자는 뗄 수 없는 관계이다. 과학의 새로운 발견은 기술 발전에 도움을 주고, 반대로 기술의 발전이 과학의 발전을 이끄는 경우도 많다. 성능이 뛰어난 망원경의 도움으로 갈릴레이와 케플러, 뉴턴은 천문학을 발전시켰고, 라부아지에가 정교한 실험을 할 수 있었던 것은 각종 실험 장치를 만드는 기술이 있었기 때문이었다. 제임스 와트는 물질의 팽창과 수축, 압력과 온도에 관한 과학으로부터 아이디어를 얻어 기술을 발전시킨 '기술자'이다.

기술자 제임스 와트와 증기 기관

몸이 약했던 어린 시절

제임스 와트는 1736년 스코틀랜드의 그리녹이란 바닷가 마을에서 태어났다. 이 마을은 예로부터 배 만드는 산업이 활발했다. 와트의 아버지도 배를 만드는 일, 배를 만들고 고치는 데 필요한 여러 도구를 파는 일을 했다.

와트는 똑똑한 아이였지만 몸이 약했다. 그래서 어려서는 학교에 가지 못하고 주로 집에서 부모님의 가르침을 받았다. 와트는 아버지의 작업실에서 목수가 사용하는 도구로 무엇인가 만드는 일을 제일 좋아했고, 수학 문제 푸는 것을 즐겼다. 좀 더 나이가 들어서는 마을 학교에 다녔지만, 여전히 몸도 약했고 공부에서 뛰어난 실력을 보이지는 못했다. 와트는 연필로 그림을 그리고 작업실에서 나무와 금속을 자르고 붙여 기계 부품을 만들면서 남는 시간을 보냈다.

기술자가 되다

그림 7-1 제임스 와트의 초상화

18세가 된 와트는 가까운 큰 도시 글래스고로 가서 수학 계산에 필요한 자, 각도기, 디바이더, 나침반 등 각종 도구를 사고파는 일을 배웠다. 19세에는 런던으로 가서 존 모르간이라는 장인 밑에서 가르침을 받았는데 몸이 아파 1년 만에 집으로 돌아와야 했다.

당시 전문 기술을 배우려는 사람은 능숙한 기술자 밑에 들어가 일정 기간 일을 배워야만 자격을 인정받았다. 그리고 가게나 작업실을 차리려면 반드시 같은 일을 하는 사람들이 모인 단체인 '길드'에 가입해야만 했다. 와트는 글래스고에 수학 도구를 만들어 파는 가게를 열려고 했지만 길드의 반대에 부딪혔다. 가게를 내려면 원래 3년간 장인에게서 배워야 했는데 와트는 1년만 배워서 자격에 미치지 못했기 때문이다.

이런 와트에게 글래스고 대학은 학교에 필요한 여러 가지 도구를 만드는 일을 맡겼다. 대학교 안에서는 어떤 일을 하든 길드가 간섭할 수 없었기 때문에 와트는 글래스고 대학 안에 자신의 작업실을 차려 학교에서 필요한 여러 장치와 도구를 만들고 고쳤다. 여기서 와트는 뉴커먼 증기 기관을 수리했고, 이 일을 계기로 새로운 증기 기관을 본격적으로 개발하기 시작했다.

와트 이전의 증기 기관

액체인 물에 열을 가하면 기체인 증기(steam)가 된다. 기원전 200년 전부터 증기의 힘을 이용해 신전의 문을 여는 장치, 물을 뿜는 분수, 새가 지저귀는 소리를 내는 장치에 관한 아이디어가 있었다. 그 후로도 다양한 발명품과 아이디어들이 있었지만, 본격적으로 증기의 힘을 산업에 이용한 것은 17세기부터였다.

증기의 힘이 가장 필요한 곳은 철, 구리, 금, 은 등 금속을 캐는 광산이었다. 광산에서 금속을 캐다 보면 점점 땅을 깊이 파고 들어가야 했는데 지하수가 나와 기껏 파둔 곳이 물에 잠길 때가 많았다. 계속 작업을 하려면 물을 퍼내야 했지만, 차오르는 물을 깊숙한 땅 밑에서 퍼내기는 너무 힘들어서 이를 대신할 기계가 꼭 필요했다.

1690년, 프랑스의 물리학자이자 수학자인 드니 파팽은 물을 끓이면 증기가 되어 부피가 늘어나고, 식으면 물이 되어 부피가 줄어드는 현상을 이용해서 피스톤이 위아래로 움직이는 증기 기관을 만들었다. 그리고 영국의 기술자 토머스 세이버리는 증기의 힘으로 물을 퍼 올리는 장치를 발명해 1698년 영국에서 특허*를 받았다. 세이버리는 자신이 만든 증기 기관에 '광부의 친구'라는 이름을 붙였다. 세이버리의 증기 기관은 광산에서 물을 퍼 올리는 일 외에도 마을이나 농장에 물을 공급하는 데도 사용되었다. 하지만 물을 끓이는 보일러가 폭발할 위험이 있었으며, 물을 끓이는 데 너무 많은 연료를 쓴다는 단점이 있었다. 토머스 뉴커먼은 세이버리 증기 기관의 부품을 만들고 수리하면서 경험을 쌓아 1712년 세이버리 증기 기관보다 성능이 뛰어난 '뉴커먼 증기 기관'을 만들었다.

뉴커먼 증기 기관의 원리

액체인 물에 열을 가해 끓이면 기체인 증기가 되며 부피가 늘어난다. 물 1ℓ를 기체로 만들면 부피가 약 1,700ℓ로 늘어난다. 수증기를 차갑게 하면 다시 물이 되고 부피가 줄어든다. 뉴커먼 증기 기관은 수증기를 차갑게 해서 응축시킬 때 발생하는 공기 압력의 차이로 무거운 피스톤을 움직였다.

뉴커먼 증기 기관은 물을 끓이는 보일러, 금속 통 실린더, 통 안에서 위아래로 움직이는 피스톤, 피스톤과 연결된 펌프, 수증기를 응축시키기 위한 찬물을 공급하는 장치로 되어 있었다. 증기 기관이 작동하지 않을

* 새로운 발명을 한 사람에게 일정 기간 그 사람만 발명품을 만들거나 팔 수 있는 권리를 주는 제도

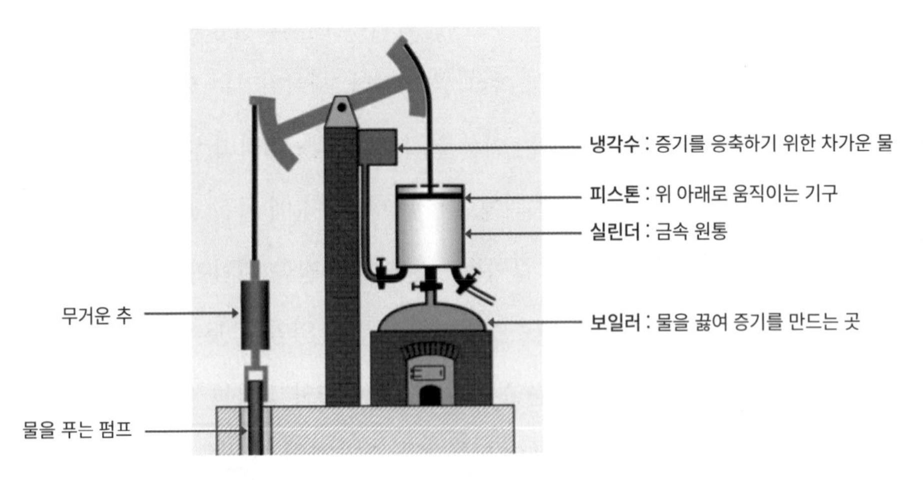

그림 7-2 뉴커먼 증기 기관의 구조

때는 바깥쪽에 매달린 추의 무게로 인해 줄이 당겨져서 피스톤은 실린더 안쪽 제일 위까지 올라간다.

그림 7-3처럼 보일러에 불을 때면 물이 끓어 수증기가 생기고, 이 수증기는 위 실린더의 빈 곳을 꽉 채운다(①). 실린더에 증기가 꽉 차면 실린더 안의 밸브에서 찬물이 나와서 증기의 열을 빼앗는다. 차가운 물과 닿은 증기는 응축되어 부피가 줄고 물이 된다. 증기의 부피가 줄어들어서 남는 공간은 마치 진공과 비슷한 상태가 되고, 피스톤은 공기의 압력으로 인해 아래로 내려간다(②). 피스톤이 완전히 아래로 내려가면 응축된 물이 빠져나오고, 다시 ①의 상태로 돌아가 ②, ③을 반복한다. 피스톤이 위아래로 움직이면 연결된 펌프도 위아래로 움직여 땅속에 고인 물을 퍼

낸다.

뉴커먼 증기 기관은 1분에 12번 왕복 운동을 할 수 있었으며, 금속을 가공하는 기술이 발달하면서 성능도 좋아졌다. 사람 20명, 말 50마리가 1주일에 걸쳐 퍼내야 하는 물을 뉴커먼 증기 기관을 사용하면 이틀 만에 퍼낼 수 있었고, 증기 기관을 조작하는데도 두 명만 있으면 충분했다. 1760년대 유럽에서는 어디서나 뉴커먼 증기 기관을 사용했다.

와트가 개선한 증기 기관

와트는 뉴커먼 증기 기관이 매우 많은 양의 증기를 쓰면서도 피스톤 운동의 속도와 힘이 충분하지 못하다

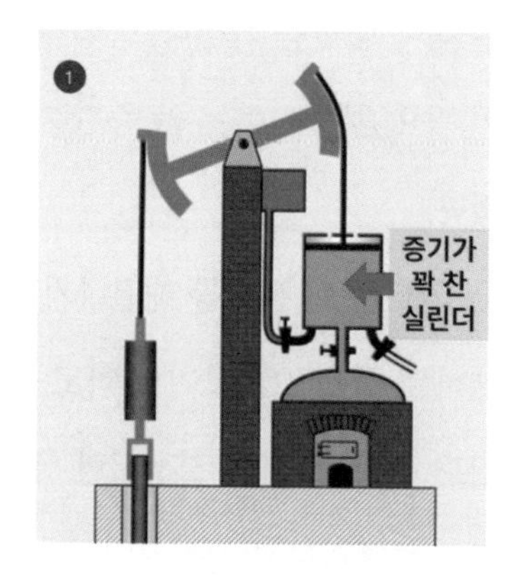

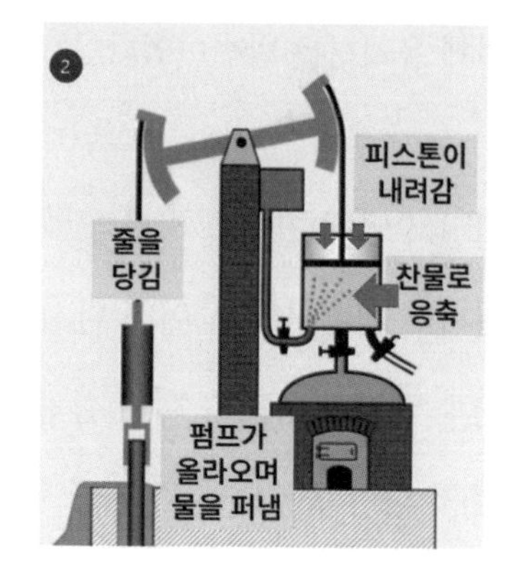

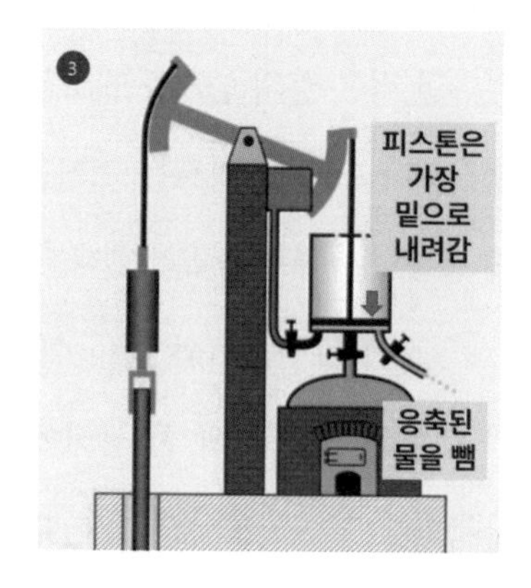

그림 7-3 뉴커먼 기관 작동의 방식. 증기가 실린더를 채우고(위쪽), 응축되면서 피스톤이 내려오고(가운데), 피스톤이 다 내려오고 응축된 물을 빼낸다(아래쪽).

는 점에 불만을 가졌다. 증기를 만들기 위해서 물을 끓이려면 석탄이 많이 필요했는데, 이는 곧 증기 기관을 사용하는 데 돈이 많이 든다는 뜻이었다.

와트는 이 문제를 해결하기 위해 여러 가지 실험을 했다. 실린더를 연결하는 선을 고쳐보기도 하고, 금속이 아닌 나무로 실린더를 만들어 보기도 했다. 하지만 결정적인 해결책을 찾지 못해 고민하던 와트는 골프장을 산책하다가 결정적인 아이디어를 떠올렸다. 바로 실린더를 항상 뜨겁게 유지하는 방법이었다.

뉴커먼 증기 기관은 실린더를 꽉 채운 뜨거운 증기를 응축하기 위해 실린더 안에 찬물을 뿌렸다. 이렇게 하면 증기가 응축되는데, 동시에 실린더도 식어버렸다. 이때 다시 뜨거운 증기를 넣으면 차가운 실린더 표면과 닿아서 증기는 미처 실린더 안을 가득 채우기도 전에 응축되어 버린다. 결국 뉴커먼 증기 기관에는 '실린더를 데우는 증기'와 '실린더를 채우는 증기'가 필요했던 것이다. 와트는 실린더를 계속 뜨겁게 유지할 수 있다면 적은 양의 증기로도 효과적으로 피스톤을 움직일 수 있을 것이라 생각했다. 그래서 와트는 뜨거운 증기가 들어가는 실린더와 증기를 차갑게 응축하는 부분을 분리했다.

와트는 그림 7-4와 같이 실린더 아래에 응축 장치를 두었다. 실린더가 뜨거운 공기로 꽉 찬 상태에서 밸브를 열면 실린더의 뜨거운 공기가 응축기(콘덴서)로 흘러간다. 이때 응축기에서 찬물을 뿜으면 증기가 응축되어 실린더의 피스톤이 아래로 내려온다. 이렇게 하면 실린더는 계속 뜨거운 상태로 유지된다. 이 방법으로는 뉴커먼 증기 기관보다 훨씬 적은 양의 증기로 큰 효과를 볼 수 있었다.

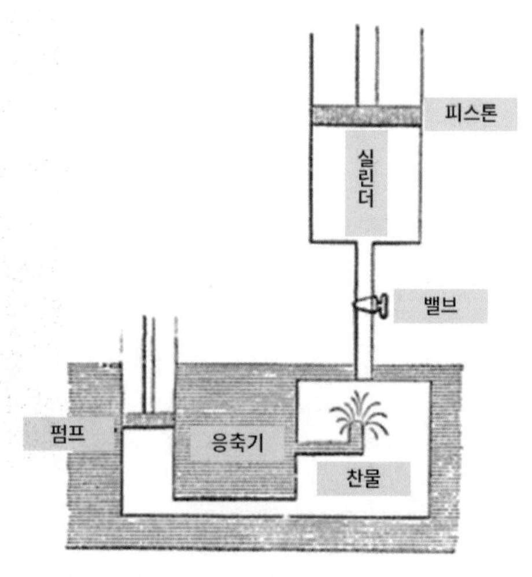

그림 7-4 와트의 아이디어

와트는 그 이후에도 다양한 실험을 거쳐 증기 기관을 개선했다. 실린더에 공기가 통하지 못하게 꽉 봉한 다음에 뜨거운 증기를 실린더 위, 아래로 넣어서 더 큰 힘을 발휘하게 했고, 위아래로 움직이는 피스톤에 기어를 연결해서 회전하도록 만들었다. 와트의 증기 기관은 뉴커먼 증기 기관에 사용되는 석탄의 4분의 1만으로 같은 힘을 낼 수 있었다.

와트는 개선한 증기 기관으로 특허를 받은 다음 동료와 함께 증기 기관을 만들어 팔기 시작했다. 하지만 처음에는 성능도 완벽하지 않았고 잘 팔리지 않아서 2년 만에 생계를 위해 사업을 그만 두고 다른 일을 해야만 했다.

하지만 이후 매튜 볼턴이 와트의 증기 기관 제작에 돈을 투자했고, 존 윌킨스라는 뛰어난 기술자가 잘 만든 실린더와 피스톤을 제공하여 와트

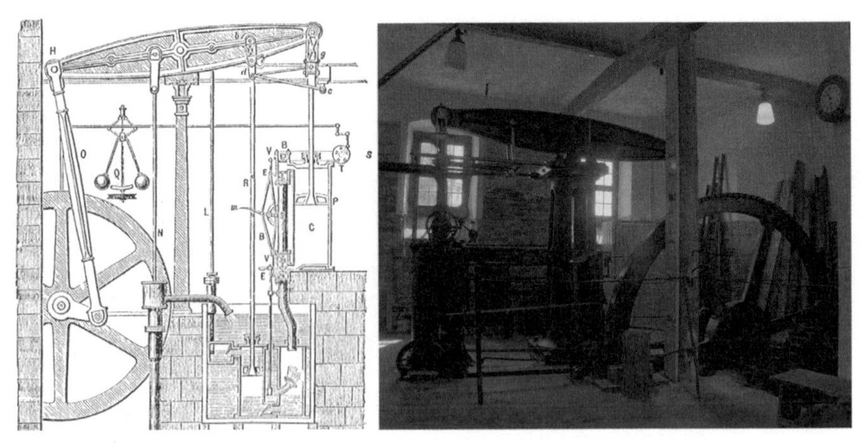

그림 7-5 1784년 개선된 와트의 증기 기관 도면(왼쪽)과 이를 바탕으로 만든 증기 기관(오른쪽)

의 증기 기관은 1776년부터 본격적으로 팔려나가기 시작했다. 얼마 지나지 않아 와트의 증기 기관은 뉴커먼 증기 기관을 압도했고, 광산에서는 앞다투어 와트의 증기 기관을 들여놓았으며, 전 세계로 퍼져나갔다. 볼턴과 와트의 동업은 평생 계속되었고, 그들의 후손에게까지 이어졌다.

지식인 동호회, 루나 협회에 가입하다

1777년 와트는 버밍엄이라는 도시로 이사했다. 이 도시에는 이름난 지식인들이 한 달에 한 번 저녁을 먹으면서 과학과 기술, 그리고 사업에 관해 이야기를 나누는 모임이 있었다. 주로 보름달이 뜨는 날 만났다고 해서 모임의 이름에 달이라는 의미의 '루나(lunar)'를 붙였는데, 와트는 버밍엄으로 이사하기 전부터 이 모임에 참가해서 편지를 주고받았으며, 때로는 직접 방문하기도 했다.

산소를 발견한 화학자 조지프 프리스틀리, 진화론으로 유명한 찰스 다윈의 할아버지 이래즈머스 다윈, 유명한 도자기 제조업체를 운영하는 조지아 웨지우드, 천문학자 윌리엄 스몰, 와트의 동업자 볼턴 등이 루나 협회의 중요한 회원이었다. 루나 협회에서는 신분이나 지위를 따지지 않고 다양한 전문가를 초대해 같이 토론했는데, 전문지식과 정보를 서로 교환할 뿐 아니라 좋은 아이디어가 나오면 돈을 모아 실제 사업으로 만들기도 했다. 볼턴과 와트의 관계도 이 모임에서 비롯되었다.

산업 혁명의 원동력이 된 와트의 증기 기관

증기 기관의 활용

영국은 18세기 후반부터 100여 년에 걸쳐 새로운 기술을 바탕으로 크게 변화했다. 양털에서 실을 뽑아내는 '방적기'와 실에서 천을 짜는 '직조기'의 발명으로 특히 섬유 산업이 크게 발전했다. 1790년에는 증기 기관을 이용한 방적기가 발명되어 실을 대량으로 생산할 수 있었다.

와트의 증기 기관은 철광 산업 발전에도 크게 이바지했다. 광산에서 물을 쉽게 퍼내 더 많은 광석을 캘 수 있게 된 것은 시작에 불과했다. 철을 녹이는 용광로에는 뜨거운 불을 계속 지펴야 했는데, 불이 꺼지지 않게 하려면 계속 공기를 불어 넣어야 했다. 증기 기관은 이 일을 자동으로 해냈다. 또한 녹은 쇳물을 두 개의 큰 롤러 사이로 들어가게 해서 철판을 만드는데, 롤러를 움직이는 데 필요한 힘을 증기 기관으로부터 얻었다. 이런 기술 발전에 힘입어 19세기에는 전 세계 철강의 절반을 영국에서 생산했다. 산업 혁명으로 영국의 경제는 빠르게 성장했고, 이를 바탕으로 세계에서 가장 강한 나라가 될 수 있었다.

교통의 혁신

증기 기관은 탈것에도 큰 변화를 가져왔다. 영국의 발명가 조지 스티븐슨은 1825년 시속 16km로 움직이는 증기 기관차 로코모션호를 만들어 처음으로 사람을 실어 날랐다. 1829년에는 보다 성능이 좋은 로켓호를 만들었는데, 이 기관차는 최대 시속 48km으로 달릴 수 있었다. 또한 영국 리버풀과 맨체스터 사이에 철도를 놓아 증기 기관차가 사람과 화물을 수송하기 시작했다.

그림 7-6 증기 기관차 로코모션호(왼쪽)와 대서양을 횡단한 증기선 사바나호(오른쪽)

바람을 이용하는 돛으로 움직이던 배에도 증기 기관을 달았다. 미국의 발명가 로버트 풀턴는 1807년 세계 최초로 증기 기관의 힘으로 움직이는 배, 클레어몬트호를 허드슨강에서 운행하는 데 성공했다. 1818년에는 미국의 사바나호가 대서양을 횡단했다. 증기 기관으로 움직이는 기차와 배의 등장으로 사람과 화물의 운반 속도가 빨라졌으며 전 세계는 더욱 가까워졌다.

말년의 와트

증기 기관의 성공으로 와트는 큰돈을 벌었고 1785년에는 영국 왕립학회의 회원이 되었다. 증기 기관을 발명한 후에도 와트는 계속 새로운 기술을 개발하고 기계를 만들었다. 그는 책이나 문서의 글을 그대로 다른 종이에 찍어내는 '복사기'를 만들어 큰 성공을 거두었고, 수많은 화학 실험을 해서 천을 희게 만드는 '표백제'를 만들어내기도 했다.

와트는 64세에 일을 그만두고 집에서 자기가 흥미를 느끼는 다양한 주제를 연구하고 실험하면서 지내다가 1819년, 83세의 나이로 평화롭게 세상을 떠났다.

와트는 뛰어난 아이디어로 증기 기관을 개선했으며, 훗날 그의 증기 기관은 산업화 시대를 대표하는 기술의 상징이 되었다. 영국에서는 제임스 와트와 매튜 볼턴을 영국을 발전시킨 위대한 주인공이라 생각해서 50

그림 7-7 과거 50파운드에 그려진 볼턴(왼쪽)과 와트(오른쪽)

파운드 지폐에 두 사람의 초상화•를 그려 넣어 공을 기렸다.

• 2021년부터 50파운드 지폐의 주인공은 컴퓨터 과학의 선구자인 앨런 튜링으로 바뀌었다.

도움닫기

과학과 기술은 어떤 관계일까?

'기술(Technology)'은 과학 연구로 밝혀진 법칙이나 이론을 실제로 적용하여 사물을 인간 생활에 유용하도록 가공하는 것이다. 과학이 관찰과 실험을 중요시한 데 비해 기술은 발명과 생산을 중요하게 여긴다. 기술을 의미하는 영어 테크놀로지(Technology)는 '집을 짓는 솜씨'를 뜻하는 그리스어 '테크네(tekhnē)'에서 비롯되었다. 이 용어가 라틴어로는 '아르스(ars)'로 번역되었고, 여기서 나온 말이 예술을 뜻하는 아트(art)이다. 이는 팔을 써서 하는 일이라는 뜻이다. 기술(技術)도 비슷한 뜻이다. 기술의 '기(技)'는 손(手)과 가른다(支)는 뜻이 합쳐진 것으로 결국 손으로 하는 일을 의미한다.

고대부터 과학(자연 철학)과 기술은 각기 다른 계층의 일이었다. 수준 높은 교육을 받을 수 있었던 상류층은 자연 철학을 연구했고, 교육받지 못한 낮은 계급의 사람들은 직접 기술을 개발해서 장인이 되었다. 그래서 고대 및 중세에 만들어진 여러 장치는 만든 사람이 누구인지 전해지지 않는다.

또한 과학과 기술은 본질이 다르다고 여겨졌다. 고대 자연철학자들은 철학적 또는 종교적 목적을 위해 자연현상을 탐구했다. 그에 비해 장인들은 유용한 물건을 만드는 것이 목적이었다. 게다가 근대 이전의 과학은 자연적인 것과 인공적인 것을 엄격히 구분했고, 자연철학자는 인공적인 사물을 다루는 기술적 활동을 낮잡아 보았다. 이런 이유로 과학자와 기술자 사이에는 특별한 교류가 없었다.

하지만 르네상스 시기에 접어들며 기술자들의 사회적 지위가 상승했다. 르네상스 기술자들은 배를 만들고 건물과 운하를 건설하면서 부와 명성을 쌓았다. 생활이 안정되고 지위가 높아진 기술자들은 그리스어와 라틴어를 배우고, 유클리드와 아르키메데스의 책을 읽고 스스로 공부했다. 과거에 비해 기술자와 많은 교류를 시작한 학자들도 기술적인 문제에 관심을 가지게 되었다.

16세기 이후 과학은 '실험'을 도입하면서 크게 발전했다. 프랜시스 베이컨, 갈릴레오 갈릴레이, 로버트 보일 등이 과학 연구에 실험을 적극적으로 이용하면서 기술은 실험 도구와 장치의 형태로 과학 속으로 들어왔다. 과학자는 펌프, 지레, 렌즈, 프리즘, 시계 등 각종 도구를 만들고 실험에 사용했다. 망원경과 현미경으로는 맨눈으로 볼 수 없던 자연현상을 관찰할 수 있었다. 이제 과학자들은 '있는 그대로의 자연'뿐 아니라 도구와 장치, 즉 기술이 만들어 낸 '인공적인 자연'도 관찰하고 연구하기 시작했다. 과학 지식을 바탕으로 기계의 작동 원리를 이해하는 과학자와 작업 현장에서 직접 익힌 기술을 과학적으로 체계화하는 기술자들이 늘어나면서 과학과 기술은 긴밀한 관계로 발전했다.

8장

진화의 비밀을 이야기하다

찰스 다윈

Charles Robert Darwin, 1809~1882

1860년 6월 30일, 옥스퍼드 대학교 자연사 박물관에 수백 명이 모여들었다. 영국 과학발전협회는 과학에 대한 이해를 높이기 위해 매년 일반인을 대상으로 하는 학술회의를 열었는데, 오늘은 다윈이 얼마 전에 발표한 '종의 기원'에 대해 토론하는 날이었다.

'종의 기원'에서 주장하는 이론에 반대하는 쪽 대표 영국 국교회의 주교 사무엘 윌버포스는 뛰어난 수학 실력과 연설 실력으로 이름을 날리고 있었다. 다윈의 주장을 지지하는 쪽에는 영국의 생물학자 토머스 헉슬리가 있었다. 헉슬리는 다윈의 생각을 적극적으로 세상에 알리고, 이에 반대하는 사람들과 치열한 논쟁을 벌였기 때문에 사람들은 그를 '다윈의 불도그'라고 불렀다. 찬성과 반대의 주장이 치열하게 부딪히던 도중 윌버포스는 헉슬리에게 "당신의 할아버지와 할머니 중 어느 쪽이 유인원과 가까운가?"라고 비꼬았다. 헉슬리는 "자신의 능력과 영향력을 과학적 토론을 조롱하는 데 사용하는 인간보다는 차라리 유인원이 조상인 편이 낫다.•"라고 받아쳤다. 토론회는 중간에 정신을 잃는 사람이 나올 정도로 분위기가 뜨거웠고, 토론이 끝난 후에는 양쪽 모두 자기들이 승리했다고 믿었다. 토론회의 내용은 신문 기사, 논문, 보고서 등을 통해 널리 퍼져나갔다. 훗날 '위대한 논쟁(The great debate)'이라는 이름을 얻은 계기로 일반인들도 다윈의 이론을 받아들이기 시작했다.

그림 8-1 다윈의 진화론에 관해 옥스퍼드에서 벌어진 헉슬리와 윌버포스의 논쟁

• 헉슬리는 나중에 자기가 한 대답을 글로 남겼는데, 토론 당시에 실제로 그런 이야기를 했는지는 알 수 없다.

그림 8-2 찰스 다윈이 탔던 비글호

이 모든 것은 29년 전 영국 플리머스 항구에서 시작되었다. 1831년 12월 27일, 플리머스 항구에서 배 한 척이 바다로 나갈 준비를 하고 있었다. 로버트 피츠로이 함장이 지휘하는 길이 27m의 이 배는 '비글호'라고 불렸고, 22세의 찰스 다윈은 비글호의 구석진 방에서 배가 출발하기를 기다리고 있었다. 바람이 거세서 두 번이나 출항이 연기되었지만, 드디어 오늘 비글호는 남아메리카를 거쳐 태평양을 지나 다시 영국으로 돌아오는 긴 여행길에 올랐다. 배가 출발할 때 다윈은 그저 여행과 자연 탐구를 좋아하는 젊은이였지만, 이 여행은 그의 삶은 물론 과학, 종교, 철학, 문학, 예술 등 인간 사회의 모든 분야에 큰 변화를 가져왔다.

다윈의 학창시절

말썽꾸러기였던 어린 다윈

다윈은 1809년 영국 중서부 슈루즈버리에서 부유하고 유명한 의사 집안의 둘째 아들로 태어났다. 그의 할아버지인 이래즈머스 다윈은 뛰어난 의사이자 식물학자, 시인이었으며 루나 협회의 중요한 회원으로 제임스 와트와 함께 활동했다. 아버지인 로버트 다윈은 훌륭한 의사였고 어머니인 수잔은 루나 협회 회원이자 영국의 대표적인 도자기 브랜드인 웨지우드의 창업자이기도 한 조지아 웨지우드의 딸이었다.

조개껍데기, 새알, 신기한 돌, 곤충을 수집하기를 좋아하던 어린 다윈은 슈루즈버리 학교에 입학해서 그리스, 로마의 문학, 역사 등의 고전을 배웠다. 하지만 다윈은 들판에 나가 자연을 관찰하고 표본을 채집하는 것을 좋아했고, 새 사냥에 흠뻑 빠져 공부를 게을리해서 선생님에게 심한 꾸중을 듣기도 했다. 아버지는 다윈을 불러 사냥에 빠져 다른 일을 게을리하면 장차 자신과 가족에게 부끄러운 사람이 될 것이라고 호되게 꾸짖었다.

그림 8-3 찰스 다윈

진짜로 하고 싶은 공부

다윈의 아버지는 집안의 전통을 이어 다윈 또한 의사가 되기를 바랐다. 다윈은 아버지의 뜻에 따라 에든버러 대학에서 의학을 공부했지만 의사라는 직업은 다윈의 적성에 맞지 않았다. 한번은 어린아이를 수술하는데 들어갔다가 피가 흐르고 아이가 비명을 지르자• 견디지 못하고 도중에 뛰쳐나오고 말았다. 그 후로 의사가 되기를 포기한 다윈은 의학을 공부하는 척하면서 지질학이나 동물학, 식물학 등 자연과 관련된 공부를 했다. 결국 다윈은 1827년 에든버러 대학을 자퇴했다.

의사가 되지 못하더라도 아들이 번듯한 직업을 가졌으면 했던 아버지는 다윈을 케임브리지 대학에 보내 신학을 공부하도록 했다. 이곳을

• 당시에는 마취제가 발달하지 않았다.

그림 8-4 존 헨슬로

그림 8-5 애덤 세지윅

졸업하면 영국 국교회의 성직자가 될 수 있었고 성직자는 남 보기에 부끄럽지 않은 직업이었다. 하지만 다윈은 케임브리지에서도 신학보다는 식물학이나 지질학 공부를 열심히 하고 곤충을 채집하는 데 열중했다. 특히 식물학자 존 헨슬로에게 동물과 식물에 관한 지식을 배웠고, 지질학자 애덤 세지윅에게서는 실제 현장에서 지질을 조사하고 연구하는 방법에 대해 가르침을 받았다.

운명을 바꾼 편지

1831년 다윈은 헨슬로에게서 비글호의 선장 피츠로이가 함께 항해할 동료를 찾고 있다는 편지를 받았다. 지원자는 과학탐사에 필요한 장비뿐 아니라 배를 타고 여행하는 데 필요한 비용을 직접 부담해야 했다. 또한 피츠로이는 오랜 항해가 지루하지 않도록 자기와 대화 상대가 될 수 있는, 좋은 집안 출신에 훌륭한 교육을 받은 사람을 찾고 있었다.

다윈은 피츠로이의 조건에 딱 들어맞았고, 그 자신도 새로운 세계를 돌아보고 싶어서 바로 지원하려 했다. 하지만 작은 배를 타고 오랫동안 바다를 항해하는 것은 목숨을 거는 일이었기 때문에 다윈의 아버지가 배에 타는 것을 허락하지 않았다. 다윈은 주위 사람들의 도움을 요청했고, 특히 외삼촌이 적극적으로 도와주어서 간신히 아버지를 설득할 수 있었다. 배에 타기로 작정한 다윈은 피츠로이를 만나 보았는데, 다행히 피츠로이와 성격이 잘 맞아 금방 가까워졌다. 다윈은 워낙 활발하고 사교성이 좋아서 배의 다른 장교나 일반 선원들하고도 금방 친해졌다.

비글호의 탐험 여행

비글호의 항해와 다윈의 연구

비글호에는 브라질, 아르헨티나, 칠레 등의 해안선을 측량하는 임무가 있

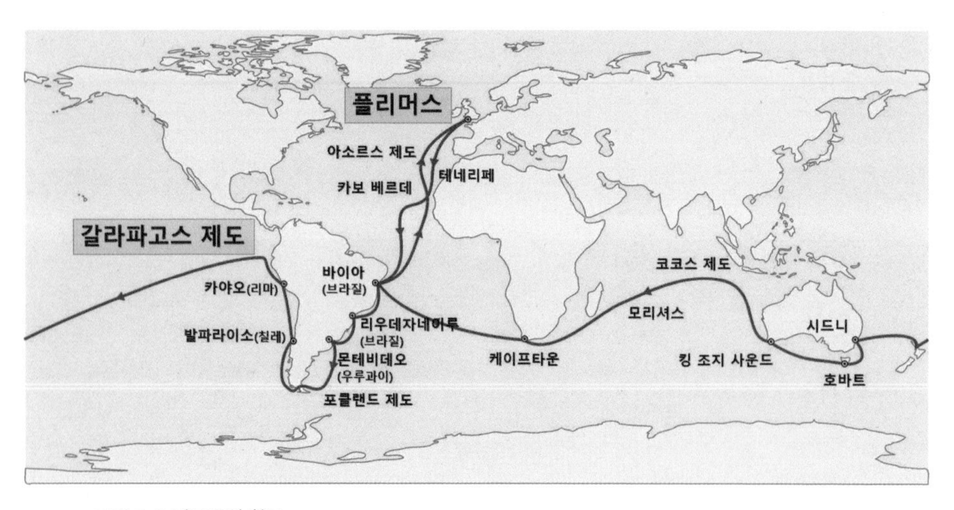

그림 8-6 비글호의 항로

었다. 플리머스 항구를 떠난 비글호는 브라질, 아르헨티나, 우루과이를 거쳐 남아메리카 남단을 지났다. 그 후에는 칠레, 에콰도르의 갈라파고스 제도를 방문하고 여기서 태평양을 건너 뉴질랜드, 오스트리아, 아프리카를 지나 영국의 플리머스 항구로 돌아왔다. 이 항해 동안 다윈은 지질을 조사하고, 동식물 표본을 수집하면서 자신이 관찰하고 생각한 것을 꼼꼼히 기록했다.

다윈은 배에만 머물지 않고 배가 해안을 조사하는 동안 육지를 탐사했다. 브라질 열대 우림에서는 다양한 동식물과 곤충을 관찰하고 수집했으며, 수집한 표본을 정기적으로 영국의 헨슬로에게 보냈다. 아르헨티나에서는 초원을 탐험하고 해안가 흙더미에서 오래전에 멸종해서 전혀 알려지지 않은 생물의 화석을 찾아냈다. 화석에 나타난 생물의 모습은 지금 살아있는 생물과 비슷했지만 조금씩 달랐는데, 다윈은 이를 통해 생명체가 환경에 따라 변화한다는 생각을 가지기 시작했다. 그는 안데스산맥에 올라 암석이 만들어지는 과정을 조사했으며 화산을 목격하고 지진을 경험했다. 특히 칠레의 해안에서는 지진으로 바닷속 땅이 불쑥 솟아오르는 현상을 관찰하고 상세히 기록했다.

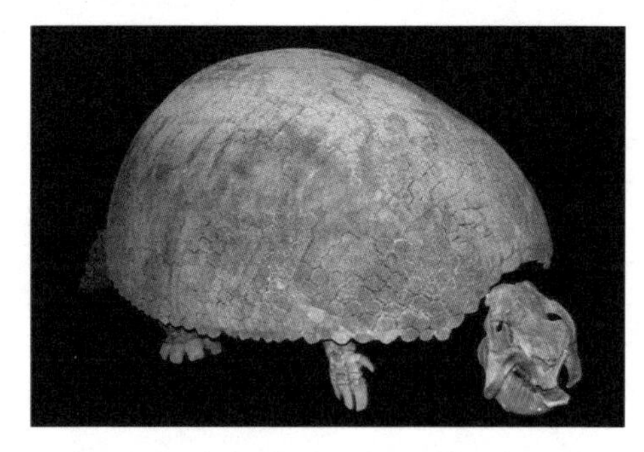

그림 8-7 아르마딜로를 닮은 멸종 동물 글립토돈의 화석으로 찰스 다윈이 진화에 관한 이론을 완성하는 데 결정적인 역할을 했다.

그림 8-8 2020년 10월 4일 국제우주정거장에서 촬영한 갈라파고스 제도 일부

갈라파고스 제도

남아메리카 대륙에서 서쪽으로 1,000km 정도 떨어진 적도 지역에는 19개의 섬이 모여 있는데 이곳을 '갈라파고스 제도'라고 한다. 1835년 찰스 다윈이 탄 비글호는 갈라파고스 제도에 1개월간 머물며 조사했다. 다윈은 갈라파고스 제도의 여러 섬을 돌아다니며 동식물을 관찰하고 표본을 수집했는데, 다른 곳에는 없고 오직 갈라파고스 섬에만 있는 고유종*이 아주 많다는 것을 알아냈다. 게다가 섬마다 동식물의 특징이 다르다는 것도 발견했다. 이 섬에 오래 산 사람들은 거북 등껍질의 모양과 무늬

* 어떤 특정 지역에서만 살고, 다른 곳에는 없는 생물

그림 8-9 갈라파고스의 바다 이구아나

만 봐도 어느 섬에 사는 거북인지를 알아볼 수 있었다. 다윈은 섬마다 돌아다니며 '핀치'라는 종의 새를 관찰하고 표본을 수집했는데, 핀치의 부리도 섬마다 달랐다. 갈라파고스에 사는 생물의 특성을 관찰하고 조사한 자료는 훗날 진화론을 완성하는 바탕이 되었다.

비글호의 귀향과 유명해진 다윈

1836년 10월 비글호는 5년간의 항해를 마치고 영국 팔머스 항구에 도착했다. 다윈은 수천 점의 동물, 식물, 곤충, 암석 표본과 수천 페이지에 달하는 노트, 그리고 매일매일을 기록한 770페이지의 일기를 가지고 돌아왔다. 다윈은 항해 도중에 새롭게 발견한 표본과 기록들을 영국에 보냈는데, 이것들로 인해 그는 자신도 모르는 사이에 유명인이 되어 있었다.

영국에 돌아온 다윈은 여러 모임에서 강연을 하고, 뛰어난 학자들과 의견을 나누고 비글호 여행의 경험을 기록한 책을 내는 등 활발히 활동했다.

1839년에는 오랫동안 알고 지냈던 외사촌인 엠마 웨지우드와 결혼했다. 하지만 건강이 점점 나빠지기 시작해 두통, 구토, 위장병, 발진 등으로 고통 받았다. 1942년에는 런던 교외의 시골 마을로 이사해서 산책하고, 글을 쓰고, 연구하고, 친구를 만나는 조용한 시간을 보냈다. 병은 나아지지 않고 다윈을 괴롭혔지만, 그는 병에 굴하지 않고 비글호 여행에서 모은 자료와 노트를 다시 분석하고, 여행가와 학자들로부터 자료를 수집해서 자신의 이론을 가다듬었고, 글로 정리해서 보관했다.

진화론과 종의 기원

중세 이전의 진화론

생물 집단이 여러 세대를 거치면서 특징이 조금씩 변해가는 것을 '진화'라고 하며, 진화에 대한 과학적 이론을 '진화론'이라고 한다. 사실 생명체가 진화한다는 생각은 아주 오래전부터 있었다. 고대 그리스의 철학자들도 생물이 시간에 따라 변화한다고 주장했다. 중세 유럽에서는 생명체의 진화에 관한 생각이 기독교의 영향으로 더는 이어지지 못했지만, 이슬람 문화권에서는 계속 발전했다. 이슬람의 철학자 알 자히즈는 《동물에 관한 책》을 썼는데, 여기서 "동물은 환경에 따라 새로운 특징을 발전시키고, 이 특징으로 동물은 새로운 종이 되며, 후손에게 특징이 대물림된다"

라고 했다.

다윈의 진화론에 영향을 준 사람들

그림 8-10 찰스 라이엘

그림 8-11 이래즈머스 다윈

진화론은 17세기가 되어 유럽에도 모습을 드러냈으며, 19세기에 들어서자 점점 과학적 증거를 갖추게 되었다. 진화론의 발달에 크게 이바지한 사람에는 '지질학의 아버지'라고 불리는 영국의 지질학자 찰스 라이엘이 있다. 다윈은 그가 쓴 《지질학의 원리》를 비글호를 타고 탐사하는 중 늘 가지고 다니며 읽었고, 훗날 자신이 정리한 진화 이론의 절반은 이 책 덕분이라고 이야기했다. 찰스 라이엘은 지구가 아주 느린 속도로 끊임없이 변화하며, 현재 지구에서 일어나는 자연현상은 과거에도 일어났다고 주장했다. 이로부터 다윈은 생명체도 마찬가지로 오랜 세월에 걸쳐 천천히 변할 수 있다는 아이디어를 얻었다. 다윈이 영국에 돌아온 후 두 사람은 친한 동료가 되었다.

다윈의 할아버지 이래즈머스 다윈은 식물학자로도 이름이 알려져 있었는데, 두 권으로 된 《주노미아》라는 책을 출간했다. 그는 이 책에서 앵무새는 나무 열매를 먹기 좋은 부리를 갖게 되었고, 참새는 씨앗을 깨 먹기 좋은 단단한 부리를 갖게 된 것처럼 생물 종은 과거에 변화를 거쳐 생존을 위해 각자 다르게 적응했다고 설명했다. 당시 교회에서는 생물은 하느님이 창조한 것이고 변하지 않는다고 가르쳤다. 그러나 이래즈머스 다윈은 하느님이 생명을 창조하였으나 그 후 생물은 자연법칙에 따라 진화하고 적응한다고 생각했다.

프랑스 출신 생물학자 장바티스트 라마르크는 군인으로, 지중해와 유럽 여러 지역을 돌아다니며 식물학에 관심을 가졌다. 부상으로 군대를 전역한 그는 본격적으로 연구를 시작해서 식물뿐 아니라 동물, 곤충 등 다양한 분야를 파고들었다. 라마르크는 일곱 권에 달하는 《무척추동물의 자연사》를 썼는데, 여기서 진화에 대한 자신의 이론을 소개했다. 그는 생명체가 자체의 힘으로 몸이 최대한 커지고, 새로운 신체활동을 하면 새로운 장기(내장기관)가 만들어지고, 많이 사용하는 장기는 발달하고, 한 생명체(개체)가 살아가면서 획득하거나 변화한 부분은 번식을 통해 다음 세대로 전해진다고 주장했다. 그는 인간도 진화의 대

그림 8-12 장바티스트 라마르크

상에 포함했다. 다윈도 라마르크의 책을 읽었지만, 라마르크와 완전히 동일한 주장을 한 것은 아니었다.

다윈이 진화에 대해 본격적으로 탐구하기 시작한 것은 1838년 무렵부터였다. 이때 그는 영국의 통계학자이자 경제학자인 토머스 맬서스가 쓴 인구론을 읽고 큰 영향을 받았다. 맬서스는 인구는 기하급수적(1배, 2배, 4배, 16배…)으로 늘어나지만, 식량은 산술급수적(1배, 2배, 3배, 4배…)으로 늘어나기 때문에 항상 공급되는 식량에 비해 인구가 더 많다고 했다. 이 때문에 식량과 자원을 차지하기 위한 경쟁이 치열하고, 경쟁에 이기지 못한 이들은 어린 시절에 기아와 질병 등으로 사망해서 식량과 인구가 균형을 이룬다는 것이다. 다윈은 이 이론을 동식물 세계에 적용해서 진화론의 뿌리로 삼았다.

다윈과 같은 생각을 했던 앨프리드 월리스

남아메리카와 동남아시아에서 각종 동식물을 수집하고 연구한 앨프리드 월리스는 다윈과 나비에 관한 연구를 편지로 주고받는 사이였다. 그는 자신의 연구와 통찰을 종합해서 쓴 논문을 1858년 다윈에게 보냈다. 이 논문에는 다윈이 20여 년간 정리한 진화론과 같은 내용이 담겨 있었다. 깜짝 놀란 다윈은 찰스 라이엘에 "저는 이보다 더한 우연의 일치를 보지 못했습니다. 마치 제가 쓴 원고를 월리스가 가지고 있었다고 해도 이보다 더 잘 요약할 수 없었을 겁니다"라고 편지를 보냈다. 잘못하면 다윈

그림 8-13 앨프리드 월리스의 곤충 표본(영국 자연사 박물관)

이 연구의 성과를 월리스에게 빼앗기거나, 뉴턴과 라이프니츠가 미적분을 두고 싸웠던 것처럼 누가 먼저 발견했느냐를 두고 다툴 수도 있었다. 이 문제를 해결하기 위해 라이엘과 다윈의 친한 친구인 식물학자 조지프 후커는 다윈이 1844년 써 둔 원고를 간결하게 정리한 다음 월리스의 논문과 합쳐서 저자로 두 사람의 이름을 함께 넣어 학회에서 발표했다. 월리스는 여기에 불만을 느끼지 않았고, 진화론을 설명할 때도 '다윈주의'라는 이름을 붙였다. 그는

그림 8-14 앨프리드 월리스

훗날 자신의 논문이 이루어 낸 가장 큰 업적은 다윈이 《종의 기원》을 서둘러 쓰도록 한 일이라고 회상했다•.

종의 기원을 세상에 선보이다

윌리스의 연구에 놀란 다윈은 그동안의 연구를 서둘러 정리했고, 1859년 11월 24일, '자연선택에 의한 종의 기원, 또는 생존 투쟁에서 유리한 종족의 보존에 관하여', 줄여서 《종의 기원》이라고 부르는 책을 출판했다. 다윈은 이 책에서 20여 년간의 독서, 관찰, 수집, 실험 등을 바탕으로 종은 진화하며 환경에 맞도록 적응하고, 가장 적응 능력이 뛰어난 생물이 살아남는 '자연선택' 과정으로 새로운 종이 서서히 나타난다는 점을 설명했다. 사람들은 책이 나오기 전부터 관심을 가졌고, 책은 출간 하루 만에 인쇄한 1,250권 모두가 팔렸다.

책이 나오자 과학자들 뿐 아니라 일반인들 사이에서도 진화를 주제로 한 열띤 논쟁이 일어났다. 후커와 헉슬리는 다윈의 이론을 전적으로 지지했다. 앨프리드 윌리스는 진화론은 지지했지만, 인간의 영혼은 하느님이 창조했다고 믿었다. 지질학자 찰스 라이엘은 다윈의 이론에 동의했지만, 반대편과 격렬하게 대립할까 걱정해서 사람들 앞에서 공개적으로 지지하지는 못했다. 그에 비해 케임브리지 시절부터 다윈을 가르쳤던 존

• 일부는 '다윈이 윌리스의 편지를 보고 그 내용을 베껴 자신의 이론을 만들었다'라는 주장을 하기도 한다.

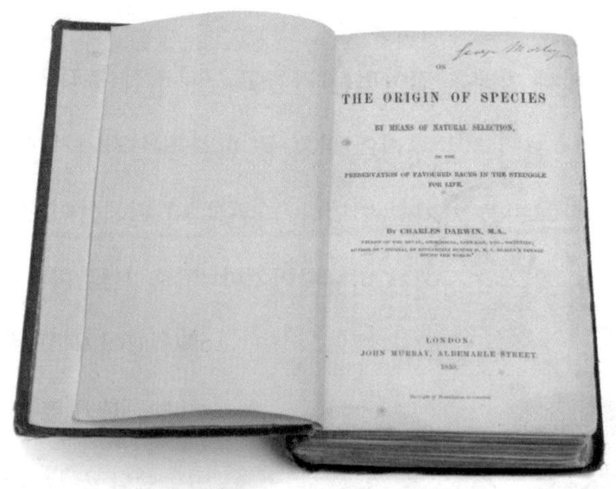

그림 8-15 《종의 기원》

헨슬로나 애덤 세지윅은 다윈의 이론을 거부했다. 그들은 성직자였기 때문에 창조 없이 생명이 진화한다는 이론을 받아들일 수 없었다. 비글호 선장 피츠로이는 '위대한 논쟁'에 참가해서 성경을 들고 "사람이 아닌 하느님을 믿자"라고 호소했다. 성직자는 대부분 다윈이 성경 말씀을 부정하기 때문에 반대했고, 나아가서는 진화론이 성경의 권위를 의심하고 교회의 도덕적 권위와 사회의 질서를 무너뜨리는 위험한 사상이라고 생각했다.

환경과 필요에 따라 변하는 생명체

갈라파고스 제도의 거북은 섬마다 등껍질의 모양과 무늬가 달랐다. 또한 핀치의 부리도 섬에 따라 차이가 있었다. 열매의 씨를 깨 먹기 위해 두꺼운 부리를 가진 핀치, 자갈을 뒤집어 먹이를 찾기 위해 힘센 부리를 가진 핀치, 선인장에서 벌레를 잡아먹는 가늘고 구부러진 부리의 핀치, 새를 찔러 피를 먹는 날카로운 부리의 핀치 등 핀치들은 자기가 사는 환경에 적응하기 위한 부리를 가지고 있었다. 다윈은 이 핀치들이 원래는 남아메리카에 살던 같은 조상에서 비롯되었지만, 이후 서로 환경이 다른 섬에서 떨어져 살면서 각자의 섬에서 살기 좋도록 다르게 변화했다고 생각했으며, 생명체는 필요에 따라 환경에 적응한다는 것을 깨달았다. 그는 동식물의 변이*를 보여주는 사례를 꼼꼼하게 수집하고 정리했다.

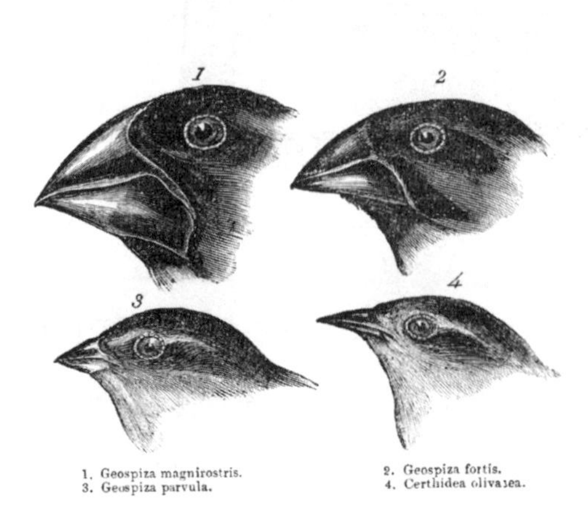

그림 8-16 찰스 다윈이 그린 갈라파고스의 핀치(1845)

섬에 특히 많은 고유종

다윈은 갈라파고스 제도뿐 아니라 다른 여러 섬을 탐사하면서 섬에는 특히 고유종이 많다는 사실을 발견했다. 그는 섬에 사는 생명체는 육지에 사는 생명체와 떨어져서 섬 내부에서만 번식하기 때문에 원래 종과 점점 달라지고 결국 새로운 종이 나타난다고 생각했다. 다윈은 만일 수천 년

* 같은 종이지만 모양과 성질이 다른 개체가 존재하는 현상

그림 8-17 갈라파고스의 신천옹과(알바트로스)

이상 품종을 개량하고, 외딴곳에서 다른 종과의 교배를 막으면 새로운 종이 탄생할 것으로 생각했다.

다윈 진화론의 핵심, 자연선택

다윈은 맬서스의 인구론에서 실마리를 얻어 진화가 어떻게 일어나는지를 설명할 수 있었다. 인간과 마찬가지로 동물이나 식물도 새롭게 태어나는 개체의 숫자가 먹이의 양보다 많아서 생존을 위해 치열하게 경쟁해야 한다. 동식물은 타고나는 개체의 차이에 따라 경쟁의 승리와 패배가 결정된다. 어떤 개체는 생존에 유리한 변이를 가지고 태어난다. 다른 매보다 빨리 날 수 있는 매는 먹이를 좀 더 잘 잡고, 다른 나무보다 더 크게 자란 나무는 햇빛을 더 잘 받는다. 이런 장점을 가진 개체는 좀 더 오래 살아남아 자손을 많이 남기고, 이렇게 태어난 자손도 경쟁에 유리한 부모의 장점을 물려받는다. 이처럼 환경에 적응한 개체가 살아남는 것을 다윈은 '자연선택'이라고 했다. 생물이 생존하고 적응하는 데 도움을 주는 변이는 후대로 계속 전달되고, 오랜 시간이 지나면 결국에는 새로운 종으로 진화한다는 것이 다윈이 생각한 진화의 방법이었다.

종과 품종

종(種, species)은 생물을 분류하는 기본 단위로 '서로 짝을 맺어 번식이 가능한 자손을 낳을 수 있는 개체의 집단'이다. 새끼를 낳을 수 있고, 그 새끼도 새끼를 낳을 수 있어야 같은 종이다. 벼를 개량해서 병충해에 강한 볍씨를 얻거나, 젖이 많이 나는 소끼리 번식시켜 우유를 많이 얻을 수 있는 젖소를 만드는 것처럼 목적을 가지고 인공적으로 개량된 개체 집단을 품종이라고 한다.

종의 기원 이후의 다윈

종의 기원을 쓰고 난 후

《종의 기원》 출간 후 사회적으로 격렬한 논쟁이 벌어졌지만, 다윈은 직접 모습을 드러내지 않고 그저 자신의 연구를 계속했다. 그는 여러 번에 걸쳐 《종의 기원》을 고쳐 다시 출판했으며 전 세계에서 몰려오는 편지에 답장을 쓰고, 자신을 찾아오는 손님을 맞이했다. 1872년에는 《인간과 동물의 감정 표현》이라는 책을 펴냈는데, 여기서는 웃음, 찡그림, 얼굴을 붉히기, 눈썹 치켜 올리기 등 감정을 나타내는 방식이 어떻게 진화하는지를 이야기했다.

나이가 들며 다윈은 건강이 매우 나빠졌지만 "관찰과 실험을 포기할 수밖에 없는 날이 내가 죽는 날이 될 것"이라며 끝까지 연구에 전념했다. 1882년 초 심장에 이상이 생겨 몇 차례 발작을 겪은 다윈은 1882년 4월 19일 세상을 떠났다. 다윈은 자신이 살던 마을 근처에 묻히기를 원했지만, 이 위대한 학자를 존경하고 사랑했던 주위 사람들은 다윈을 뉴턴의 무덤이 있는 웨스트민스터 사원에 안장했다.

다윈의 영향

20세기 정신 분석 연구로 인간의 본성을 밝힌 지그문트 프로이트는 자신의 이론을 '코페르니쿠스의 지동설', '다윈의 진화론'과 함께 서구 사상의 역사에 나타난 3대 혁명이라고 했다. 과학사의 혁명이 아니라 사상사의 혁명이라고 한 이유는 이 이론들이 지질학이나 생물학의 발전뿐 아니라 종교, 철학, 문학, 예술 등 다양한 인간의 지식 활동 모두에 큰 영향을 끼쳤기 때문이다. 다윈의 진화론을 받아들이면서 종교와 인간에 대한 기본적인 생각이 달라지고 사회 전체가 변화했다.

때로는 나쁜 방향으로 변화가 일어나기도 했다. 대표적으로 독일의 히틀러는 독일 민족의 우수성을 내세우며 유대인과 집시 등을 학살하는 인류에 대한 범죄를 저질렀다. 오늘날에도 소수 민족이나 인종을 차별하는 뿌리에는 어떤 개체 집단이 태어나면서부터 우수하거나 열등하다는 잘못된 믿음이 있다.

1860년 옥스퍼드에서의 '위대한 논쟁' 이후에도 진화론과 종교의 갈

그림 8-18 찰스 다윈이 살던 다운 하우스. 영국의 유산에서 관리하며 일반에게 공개하고 있다.

등은 계속되었다. 20세기 초 미국에서는 진화론을 가르친 교사가 재판에 넘겨져 벌금을 물기도 했지만, 진화론은 과학적인 증거가 뒷받침하는 사실로 받아들여져 요즘은 대부분 학교에서 진화론을 가르친다. 지금도 진화론을 거부하고 창조론을 주장하는 사람들이 있는데 이들은 학교에서 창조론도 공평하게 가르쳐야 한다고 주장한다. 그렇지만 과학으로 인정받지 못한 창조론은 공립학교에서 가르치지 않는다. 이처럼 우리는 여전히 여러 부분에서 다윈의 영향을 받고 있다.

도움닫기

진화론을 가르쳐서 벌금을 냈다고?

진화론은 철학, 정치학, 경제학 등 인문 사회 분야에 먼저 영향을 미쳤다. 당시 새롭게 발전하던 자본주의를 지지하는 사람들은 진화론을 환영했다. 기업과 기업, 개인과 개인의 자유 경쟁을 통해 경제가 발전한다는 자본주의적 생각이 다윈의 진화론과 잘 들어맞았기 때문이다. '생존 경쟁'과 '적자생존'을 인간 사회의 '경쟁'과 '진보'라는 개념에 적용해서 "인간이 불평등한 것은 사회적 문제가 아니라 자연적 속성이다"라는 주장이 힘을 얻기도 했다. 이는 인종, 국가, 문화 사이에도 우등한 것과 열등한 것이 있다는 주장에 힘을 실었으며 인종차별은 물론 서구의 아프리카, 아시아 식민지 착취 정책을 합리화하기도 했다.

진화론은 '인간은 신이 창조했고 변하지 않는다'라는 '창조론'을 믿던 사람들에게 큰 충격을 주었다. 진화론이 힘을 얻기 시작하며 신의 존재 자체를 의심하는 사람들이 늘었다. 또한 삶의 중심이 신에서 인간으로 옮겨져 죽은 다음의 천국이나 구원을 바라지 않고, 살아 있을 때 의미를 찾고 즐거움을 누리자는 풍조가 유행했다.

하지만 진화론이 완전히 뿌리를 내린 것은 아니었다. 1925년 미국 테네시주의 작은 도시 데이턴에서 전 세계가 집중하는 재판이 열렸다. '존 토마스 스콥스'라는 젊은 고등학교 교사가 학교에서 다윈의 진화론을 가르쳤다는 이유로 재판에 선 것이다. 당시 테네시주에서는 '신의 창조 역사를 부정하고 인간이 저급한 동물류에서 유래한다는 이론은 가르칠 수 없다'는 이유로 학교에서 진화론을 가르치는 것을 법으로 금지하고 있었기 때문이다. 유럽에서는 진화론이 널리 받아들여졌고, 교회에서도 이를 인정하거나 못 본 체하는 상황이었지만, 미국은 그때까지도 문자 그대로의 성경 해석을 고집하는 곳이 많았다.

스콥스의 변호사들은 "제대로 된 과학자들은 그 누구도 다윈의 주장에 반박하지 않는다", "성경은 학문에 관한 책이 아니다. 누구나 다르게 해석할 수 있는 종교와 문화에 관한 책이다"라는 주장을 폈지만, 재판 결과 스콥스는 유죄 판결을 받아 100달러의 벌금을 내야 했다. 하지만 이 재판 과정을 지켜본 많은 사람이 성경을 '문자 그대로 해석'하여 진화론을 비판하는 것은 논리에 맞지 않는다는 점을 알게 되었다. 그러나 미국에서는 오랫동안 진화론이 인정받지 못했고, 1960년대 이후 미국이 소련과 과학 경쟁을 하며 비로소 교과서에 실리게 되었다. 스콥스를 처벌했던 법은 1967년이 되어서야 없어졌을 만큼 창조론의 뿌리는 깊었다.

여러 반대와 오해에도 불구하고 진화론은 계속 퍼져나갔고, 진화론 자체도 새롭게 진화를 거듭했다. 오늘날에는 인간의 마음과 행동을 진화론의 관점으로 바라보는 '진화심리학', 타인을 돕는 이타성이 어떻게 진화했는지 밝히는 '진화윤리학' 등 새로운 학문이 등장했으며, 진화론의 입장에서 종교를 연구하기도 한다.

9장

뉴턴을 넘어선 새로운 논리를 펼치다

알베르트 아인슈타인

Albert Einstein, 1879~1955

$E=mc^2$

지구 주위를 도는 달이 태양과 일직선에 위치해서 낮인데도 태양의 빛이 가려지는 현상을 '일식'이라고 한다. 그리고 일식 중에서도 태양이 달에 완전히 가려지는 현상을 '개기 일식'이라 한다. 개기 일식은 약 18개월마다 한 번씩 일어나는데, 제대로 관찰할 수 있는 지역이 매번 달라서 개기 일식을 관찰하려는 천문학자나 사진작가는 미리 제일 잘 볼 수 있는 곳에서 준비를 마치고 기다려야 한다.

1919년, 영국의 천문학자 아서 에딩턴은 아프리카 프린시페로 떠났다. 에딩턴의 목적은 5월 29일 발생하는 개기 일식 현상을 관찰해서 '빛이 중력에 의해 휘어진다'는 아인슈타인의 '일반 상대성 이론'을 입증하

그림 9-1 에딩턴이 찍은 개기 일식 사진

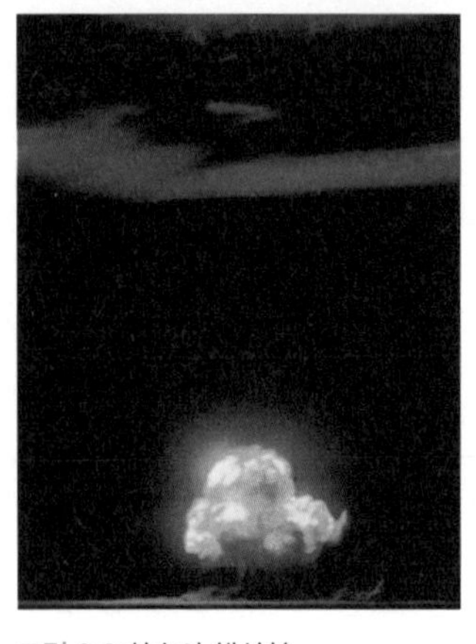

그림 9-2 최초의 핵실험

는 것이었다. 에딩턴은 일식이 일어나는 동안 태양 근처의 별 사진을 찍은 다음 영국으로 돌아와 자료를 꼼꼼히 분석했고, 상대성 이론이 옳다는 결과를 발표했다. 이 소식은 삽시간에 전 세계로 퍼져나가 200여 년 이상 우주의 법칙을 설명했던 뉴턴의 이론이 무너졌음을 알렸다. 알베르트 아인슈타인은 새로운 우주의 주인공이 되었다.

1945년 7월 16일, 미국 뉴멕시코주 앨라고모도 북서쪽 사막에서 강력한 폭발이 일어났다. 폭발로 인한 빛은 수 킬로미터를 낮처럼 밝혔고 커다란 버섯모양의 구름이 12km 높이까지 솟아올랐으며, 160km 거리에서도 폭발의 힘을 느낄 수 있었다. 인류 역사상 최초로 핵무기가 등장한 것이었다. 핵무기는 너무나 강력했고, 인류를 멸망으로 이끌 것만 같아 사람들은 공포에 떨었다. 핵분열에서 막대한 에너지가 발생한다는 것을 알게 된 것은 아인슈타인의 '특수 상대성 이론'과 '$E=mc^2$'라는 공식 덕분이었다.

게으른 천재

E=mc²

어린 시절의 아인슈타인

그림 9-3 알베르트 아인슈타인

알베르트 아인슈타인은 1879년 독일 울름에서 유대인으로 태어났다. 19세기 초까지 유대인은 유럽의 천덕꾸러기였다. 도시마다 유대인만 모여 사는 지역이 따로 있었고, 대학 진학도 힘들었으며, 할 수 있는 일이 정해져 있어서 마음대로 직업을 갖기도 어려웠다. 그래서 19세기 중반 무렵까지 유명한 학자 중에서 유대인을 찾아보기 어려웠다. 다행히도 아인슈타인은 이런 차별이 많이 사라진 후에 태어났다. 아인슈타인의 아버지는 전기 장치를 팔고 설치하는 사업을 했는데, 말이 없고 수줍음을 많이 타던 아인슈타인은 밖에서 뛰놀기보다 아버지의 가게에 있는 전기 장치를 갖고 놀기를 좋아했다. 나침반을 선물로 받고는 나침반이 항상 북쪽을 가리키는 이유와 그 뒤에 어떤 신비한 힘이 감추어져 있는지를 궁금해 했다.

10살이 된 아인슈타인은 김나지움에 입학했다. 당시의 김나지움은 엄격한 군대식 학교였다. 교복을 입고 다닌 것은 물론, 교실을 옮겨 다닐 때도 군인이 행진하듯 줄을 맞춰 갔으며, 밥을 먹을 때도 엄격한 규칙을 따랐다. 아인슈타인은 이런 군대식 분위기에 적응하기 매우 힘들었다. 학교 성적도 수학을 포함한 몇몇 과목을 빼고는 썩 좋지 않았고, 선생님도 아인슈타인을 쓸데없는 질문만 많이 하고 친구들과 잘 어울리지 못하는 게으른 놈(lazy dog)이라고 평가했다.

대학 진학과 졸업 이후

아버지의 사업이 어려워져서 아인슈타인의 가족은 이탈리아 북부로 이사했다. 아인슈타인은 혼자 독일에 남아서 학교에 다녀야 했지만 가족들과 떨어진 후 학교 성적은 더 나빠졌고, 결국 아인슈타인은 김나지움을 졸업하지 못했다. 1984년 독일을 떠나 이탈리아의 가족에게 간 아인슈타인은 다음 해에 스위스에 있는 대학에 입학하려 했지만, 고등학교 졸업장이 없어 1년간 스위스에서 고등학교를 더 다녀야 했다. 그는 1896년 취리히에 있는 스위스 연방 공과대학에 입학해서 수학과 물리학을 공부했다.

아인슈타인은 학교와는 잘 어울리지 않았다. 성적은 그럭저럭 나쁘지 않았지만 뛰어난 능력을 보이지는 못했다. 학문 연구를 계속하고 싶은 학생은 졸업 후에도 조교나 연구원이 되어 교수와 함께 학교에서 연구를 이어나갔는데, 교수 중에 누구도 아인슈타인을 받아 주지 않았기 때문에 아인슈타인은 다른 직업을 찾아야 했다. 아인슈타인은 물리학과 수학을 가르치는 교사가 되고 싶었지만, 교사 자리를 찾을 수 없어 1902년에 스위스 특허국에 취직했다. 여기서 그는 새로운 발명품을 평가하는 일을 하면서 틈틈이 물리학 연구를 계속했고, 마음에 맞는 친구들과 모여 새로운 과학과 기술을 주제로 토론했다.

기적의 해

과학의 역사에서 1666년을 '기적의 해'라고 부른다. 뉴턴이 만유인력의 법칙을 연구한 바로 그 해이다. 그리고 1905년, 26세의 특허국 직원 아인슈타인은 논문 4편을 연속해서 발표했다. 금속에 빛을 비추면 전자를 내보내는 현상(광전효과)에 관한 논문, 액체나 기체 속에서 작은 입자들이 불규칙하게 움직이는 원리(브라운 운동)를 설명하는 논문, '특수 상대성 이론'을 선보이는 논문, 그 유명한 $E=mc^2$ 공식이 등장하는 질량과 에너지에 관한 논문이었다. 하나하나가 물리학에 엄청난 영향을 미치는 뛰어난 연구였다. 물리학계는 깜짝 놀랐으며, 1905년은 또 다른 기적의 해* 가 되었다.

세계적인 명성을 얻다

아인슈타인은 1905년에 취리히 대학에서 박사 학위를 받았고, 취리히 대학과 프라하 대학을 거쳐 1912년부터는 자신의 모교인 스위스 연방 공과대학에서 교수로 일했다. 아인슈타인의 이름은 물리학계에 널리 퍼져나갔고 1914년에는 독일 베를린 훔볼트 대학의 교수가 되었다.

그동안 아인슈타인은 특수 상대성 이론을 더 확장하는 '일반 상대성 이론' 연구에 집중했다. 1911년에는 중력에 의해 빛이 휜다는 내용을 담은 논문을 발표했고, 1915년에는 일반 상대성 이론을 완성했다. 일반 상대성 이론이 1919년 에딩턴의 개기 일식 관측으로 증명된 후 아인슈타인은 뉴턴의 물리학을 넘어뜨린 사람으로 전 세계에 이름을 떨쳤다.

* UN은 아인슈타인의 1905년 '기적의 해' 100주년이 되는 2005년을 '세계 물리학의 해'로 지정했다.

특수 상대성 이론

$E=mc^2$

빛의 속도는 변하지 않는다

아인슈타인의 특수 상대성 이론을 이해하기 위해서는 먼저 '빛의 속도'에 대해 알아야 한다. 아리스토텔레스 시절에는 빛의 속도가 무한하다고 생각했으나 17세기 이후에는 빛도 일정 속력을 가지고 있다고 생각하기 시작했다. 사람들은 빛이 얼마나 빠른지 측정하려고 했다.

19세기 프랑스의 물리학자 아르망 피조는 720개의 톱니가 있는 바퀴를 사용해서 빛의 속도를 쟀다. 톱니바퀴를 빠른 속력으로 돌릴 때 톱니 사이를 빠져나간 빛이 거울에 반사되어 다시 돌아오는 사이에 바퀴가 몇 번이나 회전했는지 계산해서 빛의 속도를 측정하는 것이다. 그가 잰 빛의 속도는 초속 31만 3천 km였다. 이후 빛의 속도를 재는 장치와 실험은 더욱 정교해졌고 오늘날 측정한 빛의 속도는 초속 29만 9천 792km[•]이다.

1864년 영국의 물리학자이자 수학자인 제임스 맥스웰은 빛이 전기와 자기가 만들어내는 물결과 같은 움직임(전자기파)의 일종이며, 어디에서 재든지 초속 약 30만 km라는 속력은 변하지 않고 일정하다는 것을 밝혔다. 그런데 빛이 물결과 같은 파동(wave)이라면 움직임을 전달하는 물질인 매질이 필요했다. 공기 중에서 소리가 전달되는 것은 공기라는 매질을 통해 소리의 파동이 퍼져나가기 때문이다. 맥스웰은 우주 공간을 에테르라는 물질이 채우고 있으며, 빛이 이 에테르를 통해 전달된다고 가정했다. 하지만 마이컬슨과 몰리는 에테르라는 물질은 없고, 빛은 매질이 필요 없는 파동이며, 어느 방향으로 퍼지더라도 항상 속력이 같다는 결론을 내렸다.

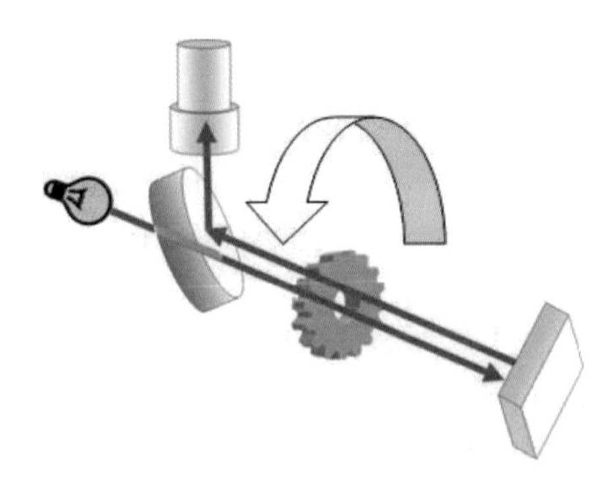

그림 9-4 피조의 실험 장치. 빛이 빠르게 회전하는 톱니 사이를 빠져나가 거울에 반사되어 되돌아오는 시간을 톱니바퀴의 회전수를 기준으로 계산했다.

• 1983년 정한 정확한 빛의 속도는 초속 299,792.458km이다. 반올림해서 보통 초속 30만 km라고 이야기하며, 이후 이 책에서도 빛의 속도는 초속 30만 km라 할 것이다.

상대적인 속도와 변하지 않는 빛의 속도

고속도로를 달리는 두 대의 차를 상상해 보자. 차 한 대(A)는 시속 50km, 다른 한 대(B)는 시속 100km로 달린다. 차 A에서(50km/h) 차 B의(100km/h) 속도를 측정하면 시속 50km이다. 앞 차의 속도에서 자기가 탄 차의 속도를 빼기 때문이다.

그렇다면 시속 100km로 달리는 기차 안에서 야구공을 시속 50km로 야구공을 던지면 어떻게 될까? 기차 안에 있는 사람이 보기에 야구공은 시속 50km로 날아가지만, 기찻길에서 보는 사람에게 야구공의 속도는 시속 150km이다. 야구공의 속도에 기차의 속도가 더해지기 때문이다. 또한 차 두 대가 똑같이 시속 100km로 나란히 달릴 때 차에 타고 있는 사람이 다른 차를 보면 움직이지 않는 것처럼 보인다.

이처럼 속도는 어느 위치에서, 누가 재느냐에 따라 달라진다. 이 법칙은 갈릴레이가 처음 발견해서 '갈릴레이의 속도 덧셈 공식'이라 불린다. 만일 시속 100km로 달리는 차에서 헤드라이트를 켠다면 그 헤드라이트 불빛의 속도는 어떻게 변할까? 갈릴레이의 공식에 따르면 헤드라이트 불빛의 속도는 빛의 속도인 초속 30만 km에 자동차의 속도(시속 100km=초속 약 28m)를 더한 값이 되어야 한다. 하지만 맥스웰의 이론이나 마이컬슨과 몰리의 실험에 따르면 빛의 속도는 어떤 경우에도 달라지지 않는데, 이를 '광속 불변의 법칙'이라 한다. 즉, 내가 빛의 속도에 가까운 빠른 속도로 빛과 나란히 달려도 빛은 여전히 빠르게 나를 지나쳐버린다.

모순을 해결한 특수 상대성 이론

속도는 상대적으로 달라지는데 빛의 속도는 변하지 않는 모순을 풀기 위해 아인슈타인은 생각의 틀을 달리했다. 그때까지 물리학에서는 시간과 공간이 누구에게나 일정하다고 생각했다. 즉 내가 어떻게 움직이든지 흐르는 시간과 나를 둘러싼 공간은 변함없다고 믿은 것이다.

하지만 아인슈타인은 시간과 공간이 고정된 것이 아니라 관찰자에 따라 변할 수 있으며, 변하지 않는 것은 빛의 속도뿐이라고 생각했다. 이 생각을 바탕으로 그는 1905년 '특수 상대성 이론'을 발표한다. 특수 상대성 이론은 광속 불변의 원칙을 지키면서도 동시에 갈릴레이의 속도 덧셈 공식이 우리가 사는 세상에 잘 들어맞는다는 점을 증명해냈다. 인간이 살아가는 세상에서 물체가 움직이는 속도는 빛의 속도에 비하면 너무 느린데, 이렇게 느린 운동은 갈릴레이의 법칙으로도 잘 설명할 수 있다는 것이다.

동시지만 동시가 아니다

어떤 사람이 빠르게 달리는 기차 칸의 정확히 가운데에 서서 양쪽 벽으로 동시에 빛을 발사한다고 상상해 보자. 두 빛은 정확히 같은 시간에 양쪽 벽에 다다른다. 벽까지 떨어진 거리가 같고, 빛의 속도도 일정하기 때문에 벽에 빛이 도달하는 시간은 당연히 같다(①). 그런데 철길 옆에서 보는 사람의 눈에는 달리 보인다.

기차 밖에서 안을 볼 때, 기차가 왼쪽에서 오른쪽으로 빠른 속도로 움직인다고 하면, 뒤쪽(왼쪽) 벽은 빛이 발사되는 곳으로부터 떨어져 있던 거리가 짧아지기 때문에 빛이 먼저 도달한다. 그에 비해 앞쪽(오른쪽) 벽은 기차의 운동으로 거리가 멀어져서 빛이 조금 늦게 닿을 것이다(②). 기차 안에 탄 사람이 보기에는 빛이 같은 시간에, 즉 동시에 기차 칸의 앞, 뒤에 다다르지만, 기찻길에서 보는 사람에게는 빛이 앞, 뒤에 각각 다른 시간에 도달한다. 이처럼 누군가에게는 동시에 일어난 사건이 다른 사람에게는 동시에 일어나지 않는 것처럼 보이는 현상을 '동시성의 상대성'이라 한다. 이러한 동시성의 상대성은 시간은 절대적이 아니라는 점을 알려 준다.

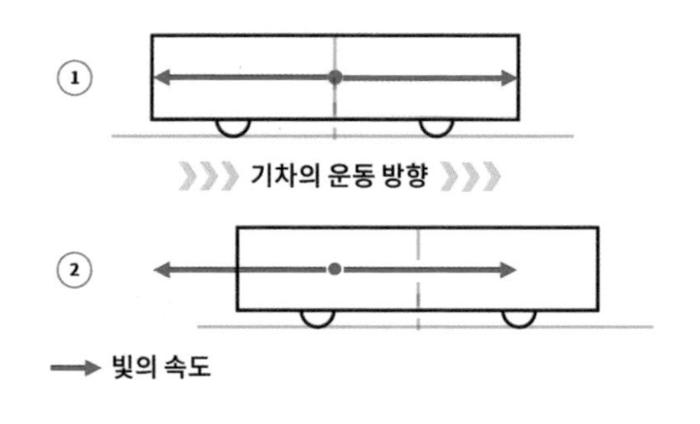

그림 9-5 동시성의 상대성

시간이 느려진다

우주 공간을 일정한 빠른 속도로 똑바르게 이동하는 우주선을 상상해 보자. 그 우주선 안에는 길이 30만 km 통이 하나 세워져 있다. 통의 아래에서 위로 빛이 발사되면 빛이 통의 가장 위쪽에 도달하기까지 1초가 지난다(빛은 1초에 30만 km를 간다).

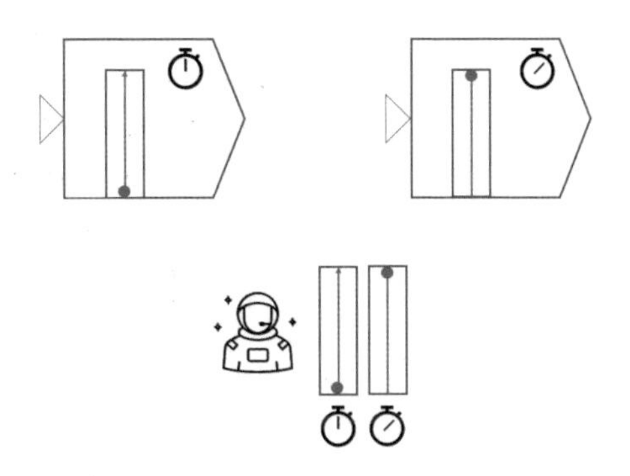

그림 9-6 시간이 느려지는 현상을 확인하기 위한 상상의 장치

그리고 한 사람이 우주선 밖의 행성에 서서 우주선 안의 통과 동일한 통과 시계를 들고 서서 우주선 안을 바라본다고 해 보자. 그림 9-6에서 우주선은 왼쪽에서 오른쪽으로 빠르게 날아간다. 그러면 우주선 밖에서 보는 사람에게는 마치 통 안의 빛이 대각선 방향으로 이동하는 것처럼 보인다.

그런데 이 때 빛의 속도를 그림 9-7처럼 빨간색 화살표로 표시해보자. 우주선에서 빛은 화살표 셋만큼 이동해야 비로소 통의 끝에 도달한다. 이 때 1초라는 시간이 걸린다. 하지만 우주선 밖에 있는 사람에게 똑같이 화살표 셋만큼 빛을 이동하게 하면 3초라는 시간이 걸린다. 결국 우주선의 1초는 우주선 밖에서 관찰한 사람의 3초인 셈이며, 바꿔 말하면 빠르게 이동하는 우주선 안에서는 시간이 느리게 흐른다는 뜻이다.

우주선에 타고 있는 사람이 우주선 밖을 볼 때도 같은 일이 일어난

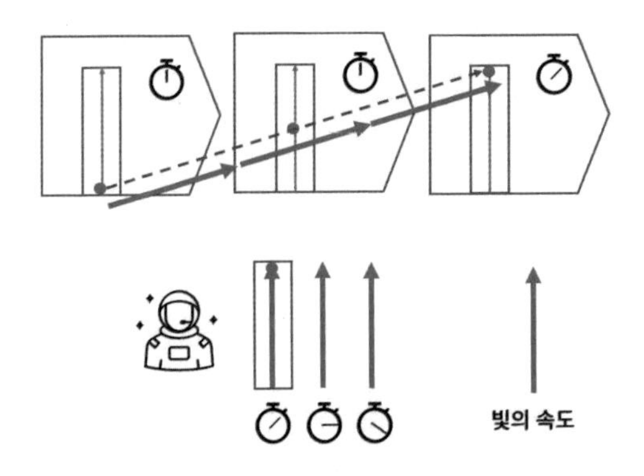

그림 9-7 빠르게 날아가는 우주선을 볼 때

다. 기차를 타고 가면서 바깥 풍경을 보면 기차는 가만히 있는데 나무가 움직이는 것으로 보이는 것처럼, 일정한 속도로 움직이며 정지한 물체를 바라보면 자신이 움직이는 것이 아니라 멈춰 있는 물체가 움직이는 것처럼 보인다. 마찬가지로 일정한 속도로 날아가는 우주선에 탄 사람은 자신이 멈춰 있고, 우주선 밖의 물체가 빠르게 움직이는 것처럼 본다. 우주선에 타고 있는 사람이 볼 때 우주선 밖의 시계는 자기 시계보다 천천히 간다(움직이기 때문에). 이 원리를 바탕으로 공상 과학 소설이나 영화에서 시간을 거꾸로 되돌아가는 타임머신을 상상하기도 한다.

공간이 줄어든다

특수 상대성 이론에 따르면 빠르게 이동하는 물체는 운동하는 방향(좌에서 우로 이동하면 수평 방향, 아래에서 위로 이동하면 수직 방향)으로 수축한다. 우주 공간에 정지해 있는 우주선을 다른 우주선이 일정한 속도로 똑바르게 지나가는 장면을 생각해보자. 두 우주선이 스쳐 지나갈 때, 정지한 상태의 우주선에서는 움직이는 우주선이 수축하는 것처럼 보이고, 움직이는 우주선이 보기에는 정지된 우주선과 공간이 수축하는 것처럼 보인다. 왜냐하면 일정한 속도로 움직이는 우주선에 탄 사람은 자신은 정지해 있고, 밖에 있는 물체가 움직이는 것처럼 보이기 때문이다.

빛의 속도와 질량

정지한 물체를 어떤 속도로 움직이게 하려면 힘, 에너지가 필요한데 이를 '운동 에너지'라고 한다. 어떤 물체가 빠른 속도로 움직인다는 것은 큰 운동 에너지를 가지고 있다는 것이고, 더 빠르게 움직일수록 더 많은 에너지가 필요하다. 아인슈타인은 새로운 운동량과 에너지의 관계를 '$E=mc^2$' 공식으로 밝혔다. 이 공식에서 E는 에너지이고 m은 질량을 나타내는데, 질량이 바로 에너지라는 뜻이다. 빠르게 움직이는 물체의 속도를 더 높이려면 에너지가 더욱 많이 필요해지며, 에너지가 많아질수록 질량이 커진다. 빛의 속도에 가까워지면 질수록 막대한 에너지가 들어가고, 질량도 어마어마하게 커진다. 하지만 아무리 많은 에너지를 더해도 질량만 늘어날 뿐 빛의 속도에 도달하지 못한다.

특수 상대성 이론의 요약

특수 상대성 이론은 말 그대로 특수한 경우에만 적용되는 상대성 이론이다. 이 특수한 경우란 '등속 직선 운동'을 할 때이다. 동시성이 깨어지고, 시간이 늘어나고, 공간이 수축하기 위해 물체는 일정한 속도로 똑바로 움직이거나, 정지해 있어야 한다. 지금까지 살펴본 예시에 등장하는 기차와 우주선은 모두 일정한 속도(등속)로 똑바르게(직선) 움직였고, 관찰자는 정지해 있었다.

또한 특수 상대성 이론은 갈릴레이나 뉴턴의 물리학 법칙을 포함하고 있다. 빛의 속도는 너무나 빠르기 때문에 우리가 사는 세상의 이동하는 물체에는 아인슈타인 이전의 물리학 법칙도 잘 들어맞는다.

일반 상대성 이론

E=mc²

특수 상대성 이론을 발표한 후 아인슈타인은 등속 직선 운동이 아닌 다른 모든 운동에 상대성 이론을 적용하기 위한 연구를 시작했다. 그는 가속도 운동을 하는 물체에 어떻게 상대성 이론이 적용되는지 연구하면서 '등가 원리'을 발견하고, 뉴턴의 중력 이론이 아닌 자신의 방법으로 우주의 법칙을 설명했다.

중력을 다시 생각하다, 등가 원리

정지한 물체는 계속 정지해 있으려 하고 움직이는 물체는 계속 움직이려고 하는 성질을 '관성'이라 한다. 정지하거나 움직이는 상태를 바꾸려면 힘이 필요하다. 그런데 힘을 가해 정지 상태의 물체가 움직이거나 움직이던 물체가 정지하면 그때까지는 없었던 새로운 힘이 등장한다. 정지된 버스가 갑자기 출발하면 사람들이 뒤로 휘청거리고, 달리던 버스가 급하게 멈추면 사람들은 앞으로 몸이 쏠린다. 이렇게 버스의 운동 방향과는 반대 방향으로 나타나는 힘을 '관성력'이라 한다. 엘리베이터가 위층으로 올라가기 시작할 때 몸이 잠시 아래로 눌리는 느낌이 드는 것도 이 관성력 때문이다.

다시 우주선을 상상해 보자. 이 우주선은 튼튼한 벽으로 빈틈없이 둘러싸여 밖을 내다볼 수도 없고, 소리도 듣지 못하고, 바깥의 환경 변화를 전혀 알 수 없다. 우주선은 발사대에 놓여 있고, 안에는 한 사람이 서 있다(그림 9-8 ①). 그 사람이 서 있도록 하는 힘은 지구의 중심에서 끌어당기는 힘인 중력이다.

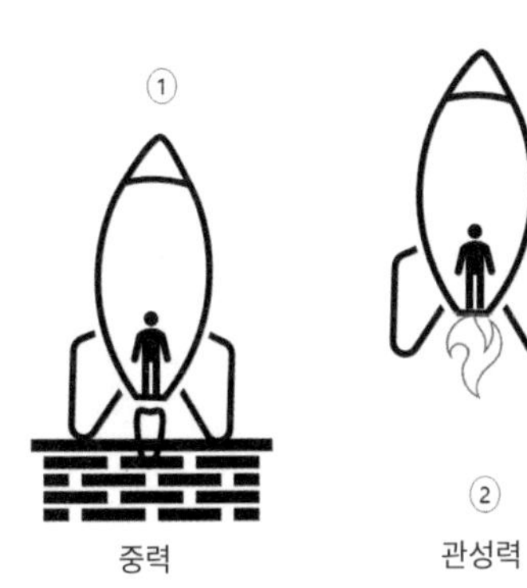

이번에는 우주를 점점 빠르게 날아가는 우주선에 타고 있는 사람을 상상해 보자. 이 사람도 우주선에 서 있는데, 지구로부터 멀어졌기 때문에 지구의 중력은 사라졌다. 하지만 관성력이 우주선이 날아가는

그림 9-8 지구상에 있는 우주선, 중력이 작용한다(왼쪽). 우주 공간에서 점점 빠르게 날아가는 우주선, 관성력이 작용한다(오른쪽).

방향과 반대로 작용하기 때문에 사람이 똑바로 서 있을 수 있다(②).

이 경우 두 우주선 안에 타고 있는 사람이 외부의 상황을 알 수 없다고 하면 그는 자신이 지금 '지구에 있는지' 아니면 '비행 중인지' 구분할 수 없다. 1907년 아인슈타인은 '중력과 가속 운동에 의해 생겨나는 관성력은 같다'라는 결론을 내렸는데, 이를 '등가 원리'라고 한다. 아인슈타인은 훗날 등가 원리를 '평생 가장 행복했던 생각'이라고 했다.

중력은 뒤틀린 시공간에 의한 것이다

아인슈타인은 등가 원리와 특수 상대성 이론을 연결해서 '결국 중력이란 시간, 공간의 변화에 의한 것'이라는 답을 얻었다. 이는 뉴턴이래 중력에 관한 기본 생각을 송두리째 바꾸는 것이었다.

태양의 주위를 공전하는 행성의 운동 역시 시공간의 뒤틀림으로 설명할 수 있다. 태양처럼 커다란 질량을 가진 물체는 주변의 시간과 공간을 뒤틀리게 만든다. 마치 얇은 그물로 만들어진 넓은 망 위에 무거운 공을 올려두면 공을 중심으로 움푹 들어가는 것처럼 질량을 가진 물체를 대상으로 시공간의 뒤틀림이 일어난다는 것이다. 이 뒤틀린 곡선에서 가장 적당한 길을 따라 지구와 다른 행성들이 공전 운동을 한다. 마찬가지로 지구에 의해 뒤틀린 시공간을 따라 달이 지구의 주위를 돈다. 아인슈타인은 시공간이 어떻게 휘어져 있는지를 결정하는 중력장 방정식*을 만들었다.

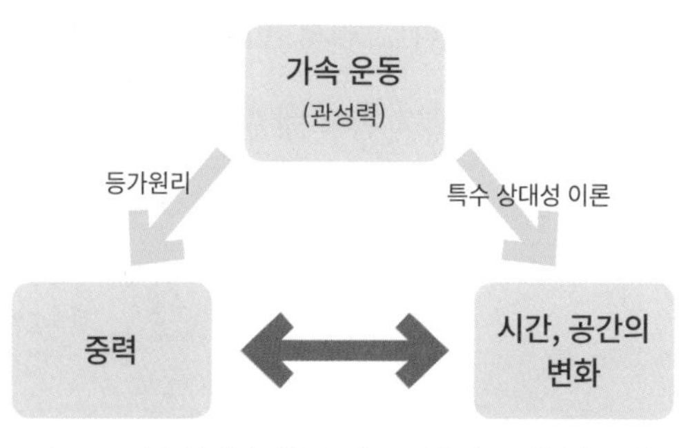

그림 9-9 일반 상대성 이론의 개요. 시공간의 변화가 중력

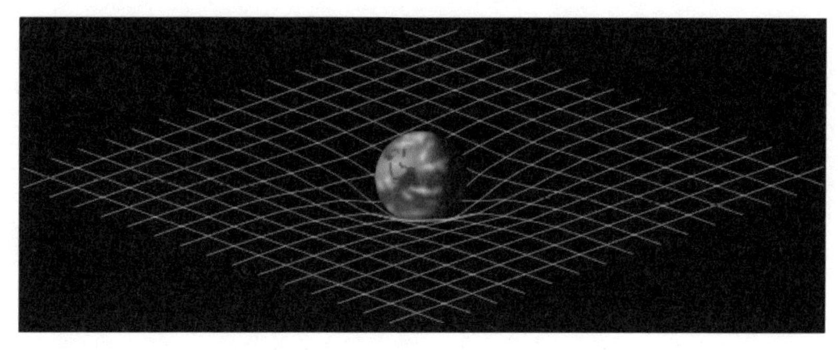

그림 9-10 시공간이 뒤틀어져 만들어지는 중력장

휘어지는 빛, 일반 상대성 이론의 증명

아인슈타인의 이론에 따르면 뒤틀린 시공간을 지날 때면 빛도 구부러진 면에 따라 휘어진다. 아인슈타인은 중력장 방정식으로 시공간의 변화를 계산해서 빛이 휘어지는 정도를 알아냈고, 태양을 지나는 빛이 얼마나 휘어질지 예측했다. 하지만 태양의 빛이 너무 밝아서 보통 때는 태양 근처를

• 중력장 방정식은 아인슈타인 방정식이라고도 불린다.

지나는 빛을 측정할 수가 없었다. 그래서 1919년, 아서 에딩턴은 아인슈타인의 일반 상대성 이론을 증명하기 위해 태양 빛이 완전히 가려지는 개기 일식을 기다려 사진을 찍었다.

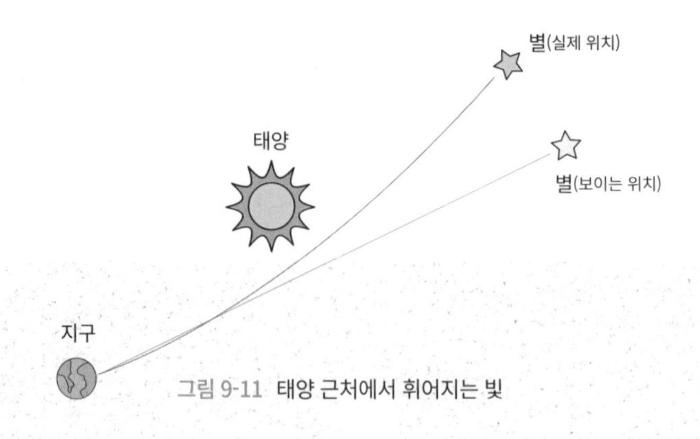

그림 9-11 태양 근처에서 휘어지는 빛

에딩턴이 개기 일식 때 찍은 사진에 나타난 별의 위치와 실제 별의 위치를 비교해 보니 그 차이는 아인슈타인의 계산과 맞아떨어졌다. 지구에서 바라보는 별빛은 태양으로 인한 시공간의 뒤틀림 정도에 따라 휘어진 것이다. 하지만 별은 빛을 직선으로 따라간 위치에 있는 것처럼 보이는데, 이 위치는 별의 실제 위치와 다르다. 일반 상대성 이론의 중력장 방정식은 이 차이를 계산해냈고, 에딩턴의 관측으로 입증된 것이다. 이를 계기로 아인슈타인은 뉴턴을 뛰어넘은 물리학자로 전 세계에 이름을 떨쳤다.

말년의 아인슈타인

E=mc²

독일을 떠나 미국으로 가다

1920년대 독일에는 유대인을 차별하는 반유대주의가 싹트기 시작했다. 학계에서도 아인슈타인이 유대인이라는 이유로 그의 이론을 공격하는 사람이 나왔으며, 반유대주의 폭도들이 아인슈타인의 별장을 습격하는 사건이 벌어지기도 했다.

신변에 위협을 느낀 아인슈타인은 1933년 독일을 떠나 미국 프린스턴 고등연구소로 갔다. 프린스턴 고등연구소는 자연과학, 수학, 역사, 사회과학 분야의 학자들이 모여 자유롭게 연구하는 곳이었다. 아인슈타인은 미국에서 중력과 전자기력을 하나로 설명하는 이론을 만드는 데 힘을 쏟았다.

원자폭탄 개발에 이용된 아인슈타인의 이론

1938년 독일의 화학자 오토 한과 프리츠 슈트라스만이 원자핵에 중성자를 충돌시켰을 때 원자핵이 둘로 갈라지는 '핵분열 현상'을 발견했다. 원자핵은 한번 분열이 일어날 때마다 질량이 감소했으며, 줄어든 질량만큼의 에너지가 발생했다. 아인슈타인이 주장한 '질량과 에너지가 같다($E=mc^2$)'는 법칙에 따라 줄어든 질량이 에너지가 된 것이다.

그리고 이탈리아 출신 물리학자 페르미는 핵분열이 일어날 때 원자핵에서 중성자 2~3개가 튀어나오고, 이 중성자들이 주변의 다른 원자핵을 연속해서 분열시키는 연쇄 반응을 일으킨다는 것을 발견했다.

미국의 물리학자 레오 질라드는 핵분열을 이용해 무기를 만들 수 있으며, 독일이 이를 먼저 개발할 수 있다는 경고를 담은 편지를 아인슈타인과 함께 써서 미국 대통령 프랭클린 루스벨트에게 보냈다. 핵무기의 위력과 위험을 알게 된 미국 정부는 2차 세계대전이 한창이던 1942년, 과학자들을 모아 비밀리에 핵무기를 개발하는 '맨해튼 프로젝트'를 진행했고, 1945년 7월 16일 최초의 원자폭탄 개발에 성공했다.

그해 8월 6일과 9일, 원자폭탄이 일본 히로시마와 나가사키에 떨어졌고, 그로 인해 수많은 사람이 죽고 다쳤다. 원자폭탄 투하 이후 일본은 항복했고 제2차 세계대전은 막을 내렸다. 아인슈타인은 핵무기의 파괴력에 큰 충격을 받아 이후 핵무기에 반대하는 활동을 열심히 벌였다.

아인슈타인의 죽음

아인슈타인은 미국 프린스턴시에 있는 자신의 집에서 몸이 아픈 여동생을 돌보며 조용히 생활했다. 나이가 들며 동맥이 늘어나는 병에 걸려 건강이 점점 나빠진 아인슈타인은 동맥이 파열되어 병원으로 옮겨졌다. 그는 생명을 연장하기 위한 치료를 거부하고, 자신의 이론에 필요한 계산을 계속하다가 76세의 나이로 숨을 거두었다.

아인슈타인은 신문이나 방송, 영화 등에 여러 번 등장했으며, 그의 이름은 천재의 대명사처럼 알려졌다. 그는 놀라운 상상력과 창의력을 발휘해 시간과 공간이 절대적이지 않고, 중력은 시공간의 왜곡으로 발생한다

그림 9-12 미국 국립 과학 아카데미에 있는 아인슈타인 동상

그림 9-13 유대인이었던 아인슈타인이 나온 이스라엘의 5리로트 지폐. 이 지폐는 1984년까지 사용되었다.

는 우주의 질서를 밝힌 위대한 학자이다.

아인슈타인의 뇌

아인슈타인은 자신이 죽으면 화장한 다음 그 재를 아무도 모르는 곳에 뿌려 달라는 유언을 남겼다. 하지만 아인슈타인이 죽고 난 후 부검을 맡은 병리학자 토마스 하비는 아인슈타인의 뇌를 꺼내 여러 조각으로 자르고 다른 과학자들에게 보내 천재의 뇌에는 어떤 비밀이 있는지 밝히고자 했다. 그리하여 아인슈타인의 뇌로 여러 가지 연구가 진행되었지만 결국 아인슈타인의 뇌가 보통 사람과 다른 점은 밝히지는 못했다. 하비는 훗날 자신의 선택은 개인의 욕심이 아니라 인류를 위한 행동이었으며 아인

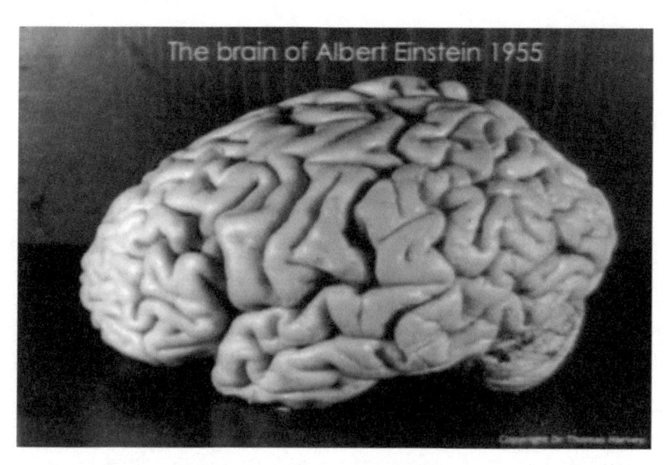

그림 9-14 토마스 하비가 찍은 아인슈타인의 뇌(1955)

슈타인의 가족에게도 허락을 받았다고 변명했지만, 사람들은 위대한 천재의 영원한 휴식을 방해한 하비를 비난했다. 아직도 아인슈타인 뇌의 일부는 미국의 무터 박물관에 전시되어 있다.

도움닫기

전쟁으로 과학이 발전했다고?

20세기 중요한 과학의 성과 대부분이 많은 사람의 목숨을 앗아간 제1차 세계대전과 제2차 세계대전을 거치며 이루어졌다는 것은 슬픈 일이 아닐 수 없다. 특히 제2차 세계대전 중에는 당대 가장 뛰어난 과학자였던 알베르트 아인슈타인, 폰 노이만, 앨런 튜링 등이 무기 개발에 투입되었다. 그들은 레이더, 장거리 미사일, 컴퓨터, 제트엔진 등 새로운 기술을 개발하는 데 힘을 썼다. 핵무기가 개발되어 처음 사용되었던 것도 제2차 세계대전 때였다.

원자의 핵분열을 연구하는 물리학자나 화학자는 서로의 입장에 따라 둘로 나뉘었다. 독일 베를린에서 핵분열 현상을 연구하던 오토 한, 리제 마이트너, 프리츠 슈트라스만은 서로 다른 길을 가게 되었다. 유대인인 리제 마이트너는 나치의 유대인 박해로 인해 스웨덴으로 몸을 피했고, 오토 한과 슈트라스만은 독일에 남아 실험을 계속했다. 두 사람의 실험 결과를 스웨덴에서 본 리제 마이트너는 핵분열에서 엄청난 에너지가 발생한다는 사실을 발견했다. 이는 훗날 원자폭탄 개발의 토대가 되었다.

이탈리아 출신의 물리학자 엔리코 페르미도 1938년 이탈리아를 떠나 미국에 자리 잡았다. 이탈리아도 독일과 마찬가지로 유대인을 박해했는데, 페르미의 아내가 유대계였기 때문이다. 페르미는 미국에서 원자폭탄을 개발하는 맨해튼 프로젝트에 참가했고 핵분열을 연속해서 일으키는 데 성공했다.

이렇게 나치 독일과 파시스트 이탈리아를 떠난 과학자들은 미국이 독일보다 먼저 원자폭탄을 개발하게 만든 주인공이었다. 나치 독일도 원자폭탄을 개발하기 위해 과학자들을 동원했다. 하지만 나치 독일의 원자폭탄 개발은 실패했고, 독일은 패망했다.

1945년 나치 독일을 이긴 두 주역 미국과 소련은 앞다투어 독일 과학자를 확보하고 독일의 기술을 가져가려 경쟁했다. 독일 과학자 일부는 미국으로, 다른 일부는 소련으로 가게 되었고 한때 동료였던 이들은 다시 동서 냉전 시기* 에 적대국에서 무기 개발을 담당하는 운명을 맞았다.

역사적으로 전쟁이 과학과 기술 발전에 기여했다는 긍정적인 결과는 동시에 대량의 살상 무기를 만들기 위한 과학 탐구는 과연 옳은가라는 윤리적 문제를 제기한다.

• 제2차 세계대전 이후부터 1991년까지 미국을 중심으로 하는 자본주의 국가들과 소련을 중심으로 하는 사회주의 국가들이 서로 대립하던 시기

10장

양자 역학의 토대를 놓다

닐스 보어

Niels Bohr, 1885~1962

1927년 10월 24일, 벨기에의 수도 브뤼셀에 물리학자들이 모여 6일 동안 '전자'와 '광자'를 주제로 강연과 세미나, 토론회를 했다. 여기에는 알베르트 아인슈타인과 라듐을 발견한 폴란드의 마리 퀴리를 비롯해 물리학계의 스타들이 총출동했다. 세계 물리학 올림픽, 또는 올스타전과 같은 이 모임은 '솔베이 회의'라 불렸으며, 닐스 보어는 이 회의의 주인공이었다.

솔베이 회의는 서로 체면을 차리고 예절을 갖춰 정중하게 대화하는 곳이 아니었다. 온종일 서로의 이론을 대놓고 비판하고, 상대방의 비판에 다시 답하는 뜨거운 열기로 가득 찬 자리였다. 당시 물리학계에서 존경받던 아인슈타인은 닐스 보어를 비롯한 학자들이 내세우는 양자 역학 이

그림 10-1 1927년 솔베이 회의 참석자들, 맨 앞줄 가운데가 아인슈타인, 앞줄 좌측에서 세 번째가 마리 퀴리이다, 보어는 앞에서 둘째 줄 오른쪽 끝에 앉아 있다. 양자 역학의 주역 중 한 사람인 하이젠베르그는 맨 뒷줄 오른쪽에서 세 번째에 서 있다.

론이 마땅치 않았다. 아인슈타인은 매일 아침 보어의 이론과 해석에 반대하는 질문을 했고, 보어는 종일 동료들과 머리를 싸매고 답을 찾아 저녁에 답을 했는데 이 질문과 답변은 회의 내내 이어졌다. 아인슈타인은 결국 끝끝내 받아들이지 않았지만 원자, 전자, 양성자, 중성자 등 아주 작은 세상이 어떻게 움직이는지 연구하는 '양자 역학'은 현대 물리학의 기둥이 되었고, 닐스 보어는 이 기둥의 기반이었다.

원자를 연구한 과학자 보어

학창 시절

그림 10-2 닐스 보어

닐스 보어는 1885년 덴마크의 수도 코펜하겐에서 태어났다. 아버지는 코펜하겐 대학 생리학 교수였고 어머니는 부유한 은행가 집안 출신으로, 어린 보어와 형제들은 식사 자리에서 부모님과 과학에 관해 토론을 주고받는 화목한 가정에서 자랐다.

보어는 1903년 코펜하겐 대학교 물리학과에 입학했다. 그는 집중력과 끈기가 뛰어나 어떤 분야에 흥미를 느끼면 끈질기게 파고들었다. 1911년 금속의 전자에 관한 연구로 박사 학위를 받은 보어는 그 후 영국으로 건너가 케임브리지 대학의 캐번디시 연구소•에서 당시 유명했던 물리학자 조지프 톰슨 아래서 원자의 구조와 특징에 관한 연구를 했다. 1911년 말에는 맨체스터 대학으로 옮겨 어니스트 러더퍼드의 연구실에서 연구를 계속했다. 보어는 1912년에 다시 덴마크로 돌아와 코펜하겐 대학교의 강사로 학생을 가르쳤다. 1913년에는 3편의 논문을 연속해서 발표했고 여기서 자신만의 독특한, 원자에 관한 이론을 펼쳤다.

원자가 가장 작은 물질?

기원전 4세기 무렵 고대 그리스의 자연철학자 데모크리토스는 이 세계의 모든 물질이 '원자'로 이루어져 있다고 주장했다. 이 원자는 없애거나 더 작게 자를 수 없으며, 원자가 서로 합쳐지거나 떨어지면서 물질이 변한다고 주장했다.

19세기의 영국 화학자 돌턴은 원자는 쪼개질 수 없고, 같은 물질을 이루는 원자는 크기와 질량이 동일하며, 원자가 새롭게 생겨나거나 다른 원자로 바뀌지는 않는다는 '원자 이론'을 주장했다. 하지만 이후 과학의 발전과 정밀한 실험 도구를 사용하게 되면서 점차 원자보다 작은 물질이

• 수소를 발견한 영국 화학자 헨리 캐번디시의 이름을 딴 케임브리지 대학의 연구소. 1874년 문을 연 이래 뛰어난 연구 업적과 훌륭한 과학자를 배출했다.

존재한다는 증거가 등장했다.

톰슨의 원자 모형

19세기 후반에 꽉 막힌 유리관 속의 공기를 빼고, 유리관의 양쪽 끝에 전기 (-)극과 (+)극을 연결한 후 전기를 흐르게 하면 빛나는 선이 (-)극에서부터 나온다는 것이 발견되었다. 이후 여러 학자가 이 광선(음극선)의 정체를 밝히기 위해 노력했다. 조지프 톰슨은 음극선이 전기나 자기에 의해 휘는, 질량을 가진 아주 작은 물질이 이동하는 것임을 발견했다.

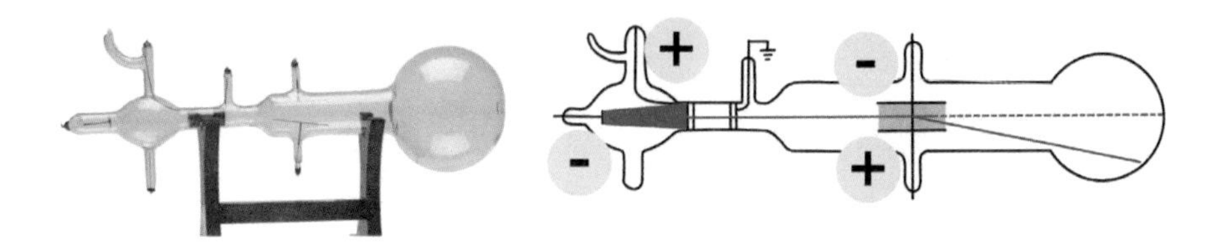

그림 10-3 톰슨이 실험에 사용한 음극관(왼쪽), 파란색 음극선을 (+)와 (-)성질을 띤 판 사이로 통과시키면 (-)성질을 띤 입자가 (+)판 쪽으로 휜다.

이 작은 물질(소립자)은 전기의 (-)성질을 띠고 있었는데, 원자에서부터 분리된 것이었다. 즉 이는 원자를 더 작은 물질로 나눌 수 있다는 증거였으며, 훗날 이 소립자를 '전자'라고 불렀다.

톰슨은 이 연구를 바탕으로 전체적으로 (+)성질을 띤 물질에 (-)성질을 가진 전자가 듬성듬성 박혀있는 원자의 모습을 그렸다. 이런 톰슨의 원자 모형을 '건포도가 박힌 자두 푸딩 모형'이라고 불렀다.

그림 10-4 푸딩에 박혀 있는 건포도를 전자라고 생각하자(왼쪽). 톰슨의 원자 모형(오른쪽)을 보면 전체적으로 (+)전하를 띤 원자에 (-)전하를 띤 전자가 여기저기 박혀 있다.

러더퍼드의 원자 모형

톰슨의 제자이자 보어의 스승이었던 어니스트 러더퍼드는 방사성 물질에서 나오는 입자를 얇은 금박에 쏘는 실험을 했다. 만약 원자가 톰슨이 주장한 것과 같이 생겼다면 방사선 물질에서 나오는 입자는 전자보다 크기가 작아서 원자의 공간을 통과하고, 전자와 충돌하더라도 질량이 커서 날아가는 방향이 거의 바뀌지 않을 것이었다. 하지만 실제로는 몇몇 입자가 금박에 충돌한 후 90도 이상의 큰 각도로 튕겨 나갔다.

톰슨 모형에 따른 결과 예측에 따르면 입자는 원자를 그대로 통과한다(그림 10-5, 왼쪽). 하지만 원자핵이 있다고 가정하면 원자핵에 부딪힌 입자는 밖으로 튀어 나간다(그림 10-5, 오른쪽).

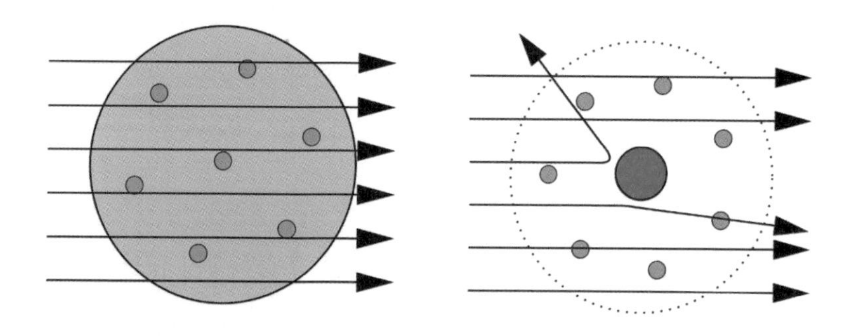

그림 10-5 톰슨 원자모형의 예측(왼쪽)과 러더포드의 결과(오른쪽)

러더퍼드는 이 결과를 보고 원자의 중심에 단단하고 무거운 원자핵이 존재한다고 생각했다. 러더퍼드가 새로 만든 원자 모형은 중심에 (+) 전하를 띤 아주 작고 무거운 원자핵이 있으며 그 핵 주위를 (-)전하를 띤 전자가 빙빙 도는 모습이었다. 이 원자 모형은 마치 태양을 중심으로 지구와 다른 행성들이 공전하는 모습과 흡사했다.

러더퍼드의 모형은 사람들에게 익숙한 모습이었기 때문에 직관적으로 받아들이기는 쉬웠지만 큰 문제가 있었다. 전자가 원자핵의 주위를 원을 그리며 돌기 위해서는 운동 방향을 계속 바꿔야 했다. 만약 러더퍼드

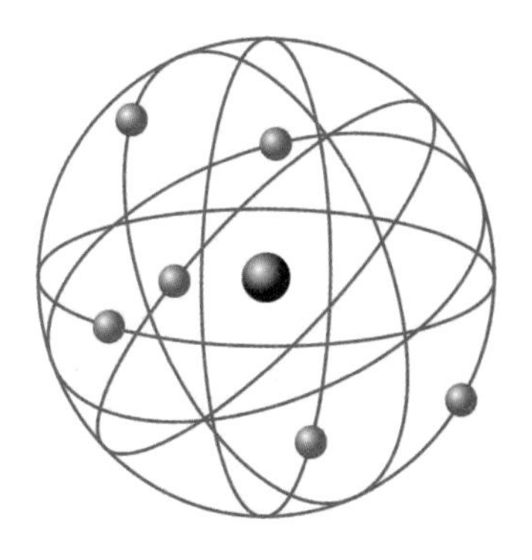

그림 10-6 러더퍼드의 원자 모형. 가운데 검은 공이 원자핵이고 붉은 공이 전자인데, 전자가 원자핵 주위를 회전한다.

의 모형처럼 전자가 원을 그리며 움직이면 에너지가 방출되어 전자는 힘을 잃고 원자핵과 충돌해서 원자가 붕괴해 버린다.

보어의 원자 모형

보어는 1913년 발표한 세 편의 논문에서 원자가 붕괴하지 않는 이유를 설명하는 원자 모형을 선보였다. 보어의 모형은 원자의 중심에 있는 핵을 전자가 회전한다는 점에서는 러더퍼드의 모형과 같다. 하지만 전자는 핵을 중심으로 몇 개의 원형 궤도, 혹은 껍질(그림 10-7의 1~4)만을 따라 돌고 있는데, 껍질은 저마다 고유의 에너지를 가지고 있다. 전자가 하나의 껍질에서만 움직일 때는 에너지의 변화 없이 안정적이지만 하나의 껍질에서 다른 껍질로 전자가 이동할 때는 에너지를 내보내거나 흡수한다. 3번 껍질에서 2번 껍질로 이동하면 에너지를 밖으로 내보내고, 1번 껍질에서 4번 껍질로 이동하면 에너지를 흡수하는 것이다. 각각의 껍질과 껍질 사이에는 아무것도 존재하지 않으며, 전자는 마치 순간이동을 하는 것처럼 껍질을 넘나든다.

그때까지의 물리학 지식으로는 보어의 모형을 쉽게 받아들일 수 없었다. 하지만 보어의 모형은 불안정한 전자로 인해 원자 붕괴가 일어난다는 문제를 없애고, 수소의 선 스펙트럼 현상을 정확히 설명할 수 있었다.

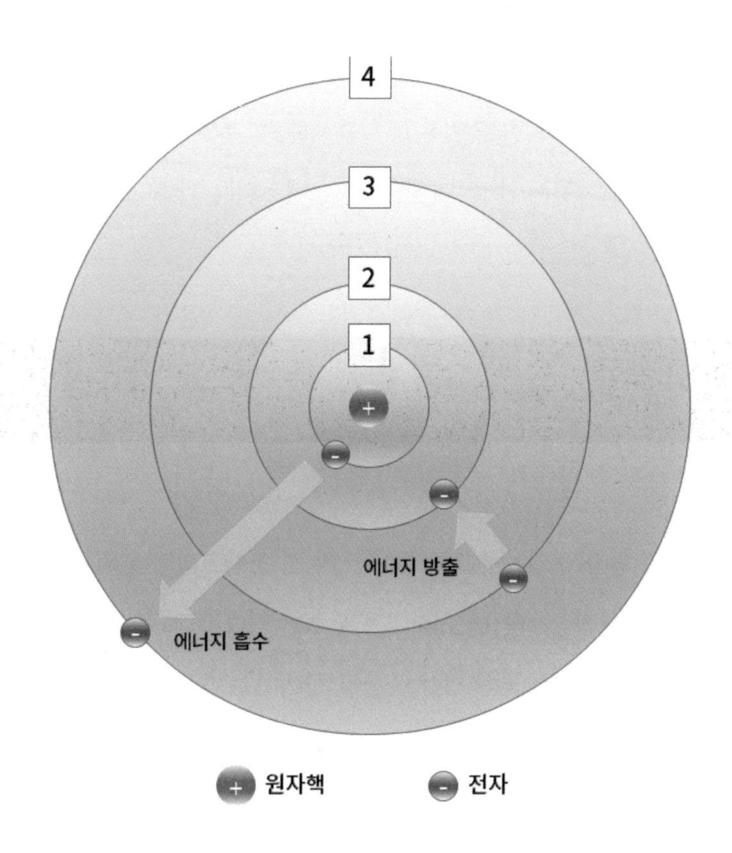

그림 10-7 닐스 보어의 원자 모형

수소의 선 스펙트럼

자연의 빛을 프리즘에 통과시키면 일곱 가지 색의 연속된 띠가 나타난다. 또한 기체를 유리관에 넣고 고압의 전기를 흘리면 빛이 생겨난다. 이 빛을 프리즘에 통과시키면 여러 색의 띠가 서로 떨어져서 나타나는데,

이를 '선 스펙트럼'이라고 한다.

선 스펙트럼은 물질을 이루고 있는 성분이 무엇인지를 분석하는 데 유용했다. 예를 들어 수소 기체의 선 스펙트럼은 아래 그림처럼 나타난다.

그림 10-8 수소의 선 스펙트럼

보어의 원자 모형을 이용하면 수소의 선 스펙트럼의 원리를 잘 설명할 수 있다. 열이 가해지면 에너지를 흡수한 전자는 위쪽 껍질로 이동한다. 하지만 이 상태는 불안정하게 들뜬 상태이기 때문에 전자는 다시 안정된 낮은 상태로 돌아가려고 아래쪽 껍질로 이동하며 에너지를 내보낸다.

그런데 보어의 원자 모형에서는 껍질마다 에너지가 정해져 있기 때문에 전자가 껍질을 이동할 때 내보내는 에너지를 정확히 계산할 수 있다.

전자가 세 번째 껍질(주양자수* 3)에서 두 번째 껍질(주양자수 2)로 이동하면, 두 번째 껍질에서 가지고 있던 에너지와 세 번째 껍질에서 가지는 에

* 원자핵을 둘러싼 전자의 에너지를 결정하는 불연속적 숫자로 보통 n으로 표시한다. 주양자수가 클수록 원자핵에서 먼 궤도를 돈다.

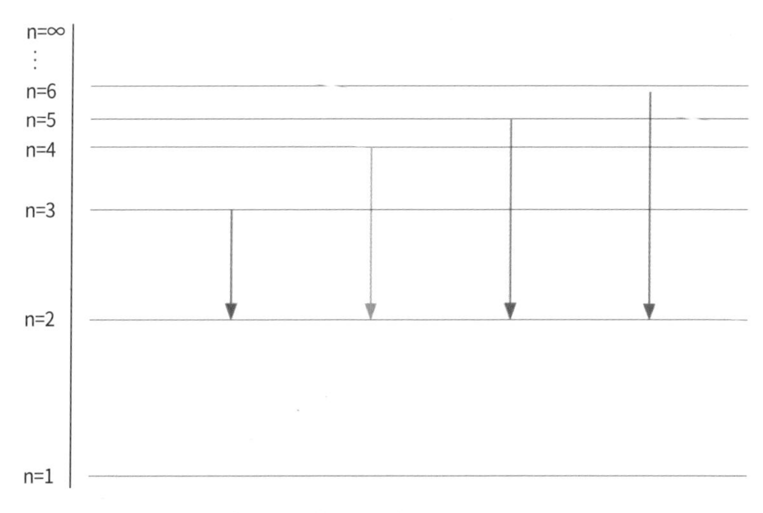

그림 10-9 보어의 원자 모형으로 분석한 수소의 선 스펙트럼(가시광선 영역)

너지의 차이만큼의 에너지가 빨간색 빛으로 나온다. 주양자수의 차이가 클수록 에너지의 차이도 더 벌어진다. 주양자수 6에서 주양자수 2로 이동하는 전자는 보라색 빛을 방출한다.

사람들은 수소의 선 스펙트럼을 정확히 설명하는 보어의 원자 모형을 받아들였다. 그러나 보어의 원자 모형은 수소처럼 전자가 하나만 있는 원자에 관해서는 잘 설명했지만 전자가 두 개 이상 있는 원자에 관해서는 설명하지 못했다. 이런 문제 때문에 보어의 원자 모형은 이후 수정을 거쳤고, 오늘날 원자핵의 위치는 알지만, 전자는 핵 주변 공간에 있는 정도로만 생각한다.

보어의 원자 모형은 비록 한계가 있었지만 완전히 새로운 아이디어였으며 이후 양자 역학이라는 새로운 학문을 발전시키는 원동력이 되었다.

양자 역학 연구

연구소를 설립하다

원자 모형을 발표한 이후 보어는 학계에서 유명해졌다. 덴마크로 돌아가 코펜하겐 대학교의 교수가 된 보어는 덴마크에 물리학 연구소를 만드는 운동에 앞장섰다. 1921년에 '코펜하겐 대학 이론 물리학 연구소•'를 설립해 소장이 되었다. 이 연구소에는 1920년대부터 30년대까지 유럽 전역의 물리학자들이 몰려들어 활발한 연구를 했다. 연구소의 분위기는 유쾌하면서도 진지했다. 학자들은 낮에는 축구를 하고 스키를 타는 등 체육 활

• 1965년부터 '닐스 보어 연구소'로 이름이 바뀌었다. 닐스 보어가 죽고 난 이후 아들 오게 닐스 보어가 소장이 되었다. 오게 닐스 보어도 노벨상을 받은 물리학자이다.

그림 10-10 코펜하겐에 있는 닐스 보어 연구소

동을 즐겼고, 밤에는 음료를 마시며 뜨겁게 논쟁을 벌였다. 이곳은 원자 물리학과 양자 역학 연구의 중심지였다.

양자 역학이란?

양자 역학은 20세기 이후 현대 물리학의 가장 중요한 분야이다. 그러나 원자 규모의 아주 작은 세상에서 일어나는 현상을 설명하는 이론이기 때문에 우리의 일상 경험 및 상식과는 동떨어져 이해하기 매우 어렵다.

'양자(quantum)'는 가장 잘게 쪼갠 물질 덩어리를 의미한다. 양자에는 빛을 이루는 광자와 전자, 원자핵을 구성하는 양성자와 중성자 등이 있으며, 이 양자의 움직임을 다루는 이론이 바로 '양자 역학'이다. 그런데 양자는 기묘한 특징을 지니고 있다.

입자와 파동

알갱이를 '입자'라고 한다. 입자는 질량을 가지고 있으며, 어디 있는지 위치를 특정할 수 있고, 움직이기 때문에 속도도 가지고 있다. 뉴턴은 빛이 작은 입자로 이루어져 있으며 빛이 비치는 것은 공간으로 작은 입자들이 퍼져나가기 때문이라고 생각했다. 하지만 그 후 과학자들은 빛이 파동이라는 것을 발견했다. 파동은 물에 돌멩이가 떨어져 만든 둥그런 물결이 둘레로 퍼져나가는 것처럼 상태의 변화가 전달되는 것이다. 파동은 파장, 진폭 등으로 특징을 나타낸다.

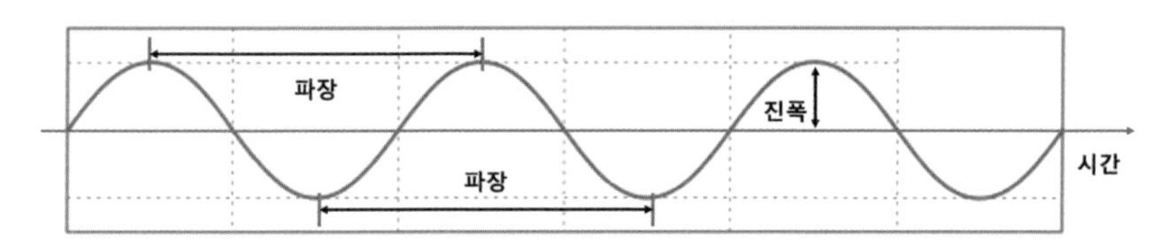

그림 10-11 단순한 모양의 파동과 파동의 특징을 나타내는 파장과 진폭

아인슈타인은 빛이 입자라는 사실을 밝혔다.* 그렇지만 빛은 파동의 특징도 뚜렷하게 보였기 때문에 빛은 입자와 파동의 성질을 모두 지닌다고 알려졌다.

* 아인슈타인은 빛을 에너지 알갱이라고 설명한 연구로 노벨상을 받았다.

사람들은 원자를 이루는 전자도 질량을 가지고 운동하는 입자라고 생각했다. 하지만 보어는 전자가 파동처럼 움직이는 모형을 제안했다. 그리고 1924년 프랑스의 물리학자 루이 드 브로이는 전자가 파동의 성질인 '파장'과 입자의 성질인 '질량'을 가지고 있다고 주장하며 파장과 질량의 관계를 수학으로 증명했다.

이처럼 빛과 전자 모두 '입자인 동시에 파동'이라는 생각이 양자 역학의 기반이 되었다.

전자의 이중 틈 실험

큰 방에 앞뒤로 두 개의 벽을 세운다고 상상하자. 그런데 앞에 있는 벽에는 세로로 두 개의 틈이 나 있다. 이제 벽 앞에서 무수히 많은 작은 공을 벽을 향해 던진다. 어떤 공은 앞쪽 벽에 맞아 튕겨 나오지만, 어떤 공은 틈을 통과해 뒤쪽 벽에 부딪힐 것이다. 뒤쪽 벽에 부딪힌 자리를 표시하면 틈새 모양으로 길게 두 줄의 흔적이 남을 것이다.

이 때 공을 전자라고 생각해 보자. 만약 전자가 입자라면 전자는 공처럼 뒤쪽 벽에 수직선 모양으로 길게 늘어선 흔적을 남길 것이다. 그런데 전자가 파동이라면 두 개의 틈을 동시에 통과하고 서로 부딪혀 새로운 형태를 만들어낸다. 이를 간섭무늬라고 하고, 간섭무늬는 뒤쪽 벽에 여러 개의 줄로 나타난다.

전자를 이중 틈으로 발사하면 벽에는 여러 줄이 나타난다. 즉 전자는

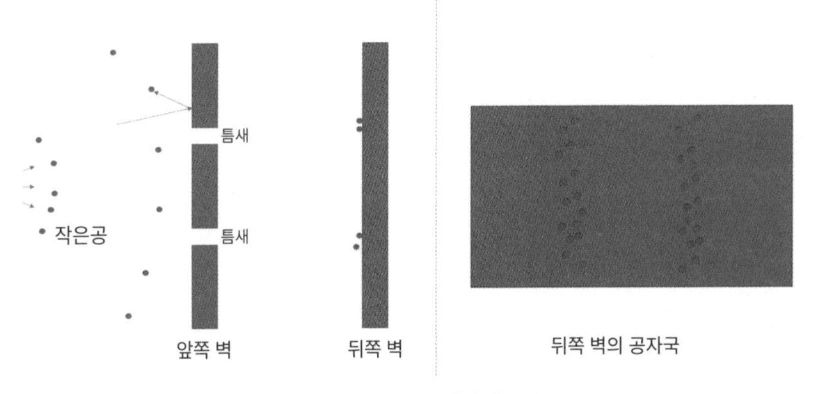

그림 10-12 이중 틈 실험(왼쪽)과 뒤쪽 벽에 남은 공의 흔적(오른쪽)

파동의 성질을 가진 것처럼 보인다. 그런데 전자가 어느 구멍을 통과하는지를 측정하려고 고성능 카메라를 달아보니 결과가 달라졌다. 마치 우리가 들여다보면 물질이 다른 방식으로 움직이는 것처럼 전자는 뒤쪽 벽에 두 줄의 흔적을 남겼다. 전자가 어느 틈을 통과하는지를 재는 순간 전

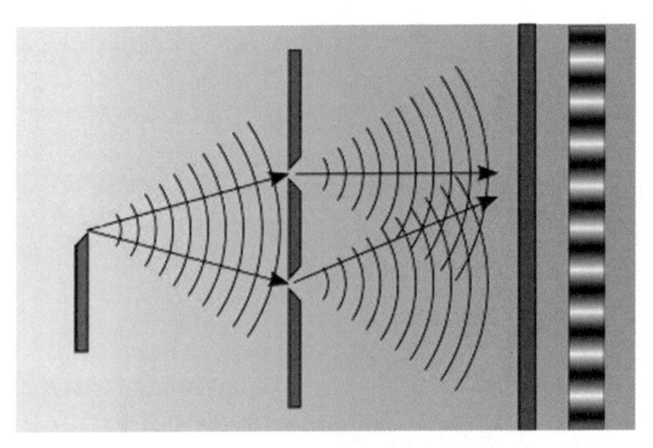

그림 10-13 이중 틈 실험, 뒤쪽 벽에 여러 개의 줄무늬가 나타난다.

자의 간섭무늬는 사라져 버리는 것이다.

불확정성의 원리

어떤 물질이 서로 다른 두 개의 상태로 존재하고, 관찰하는 순간 달라진다는 것은 일반 상식으로는 이해하기 힘든 이야기지만, 양자 역학에서는 일반적으로 받아들이는 사실이다.

이런 실험 결과를 바탕으로 독일의 물리학자 베르너 하이젠베르크는 입자의 위치와 운동량을 동시에 정확히 알 수 없다는 '불확정성의 원리'를 발견했다. 우리가 어떤 입자의 위치를 알면 그 입자가 어디로 어떻게 움

그림 10-14 닐스 보어와 아인슈타인이 양자 이론에 대해 토론하는 모습(1925)

직이는지 정확히 알 수 없고, 반대로 운동량을 알면 그 입자의 위치를 알 수 없다는 것이다.

1927년 솔베이 회의에서 보어와 하이젠베르크는 아인슈타인과 양자 역학에 관한 토론을 벌였다. 하지만 우주의 이치를 예측 가능하다고 믿었던 아인슈타인은 결코 양자 역학과 불확정성의 원리를 받아들이지 않았다.

세계를 거쳐 다시 코펜하겐으로

보어의 유명세와 전쟁

보어와 코펜하겐 연구소의 명성은 날로 높아졌다. 덴마크의 대표적인 맥주 회사 칼스버그는 학문과 예술을 지원하는 재단을 운영했는데 보어의 연구에도 많은 돈을 지원했다. 이 회사를 세운 야코브 야콥슨은 세상을 떠나며 자기 집을 '과학, 문화, 예술 분야에서 가장 유명한 덴마크인'에 내어 주라는 유언을 남겼고, 칼스버그 재단은 '예레스보리그(명예의 집)'이라고 불리는 이 집을 보어에게 내어주었다. 덴마크 왕, 영국 여왕, 윈스턴 처칠과 같은 유명인을 비롯해 각계각층의 학자, 화가, 음악가 등이 보어의 집을 방문했다.

1930년대 유럽의 정치적 상황은 점점 험악해졌다. 보어는 유대인 박해를 피해 독일을 떠난 학자들이 다른 나라에 자리 잡고 살도록 도왔고 직장을 구해 주기도 했다. 1939년 나치 독일이 폴란드를 침공하면서 제2차 세계대전이 발발했고 1940년에는 덴마크를 공격했다. 덴마크는 독일의 보호를 받는다는 조건으로 항복했다. 보어의 어머니는 유대인이었고, 보어가 이전부터 독일을 피해 망명한 학자들을 지원했기 때문에 독일은 보어를 철저하게 감시했다. 하지만 보어는 덴마크를 떠나지 않고 버텼다. 이 때 절친한 동료이자 친구였던 하이젠베르크와 사이가 멀어지기도 했다. 하이젠베르크는 독일에서 원자력 연구를 계속했기 때문이다.

그림 10-15 명예의 집에서 경치를 즐기고 있는 보어 (1935)

1943년 독일은 유지되고 있던 덴마크 정부를 없앤 뒤 직접 덴마크를 지배하기 시작했고, 닐스 보어와 동생 하랄 보어를 체포하려고 했다. 보어와 가족들은 함께 밤에 몰래 배를 타고 스웨덴으로 피했다. 스웨덴은 중립국이었기 때문에 전쟁에 말려들지는 않았지만, 독일의 스파이들이 드나들어 안전하지 않았다. 그래서 보어는 영국 폭격기를 타고 영국으로 갔다.

영국과 미국에서 원자력 연구를 하다

영국 정부는 보어를 핵무기 개발을 목적으로 하는 튜브 엘로이스 계획에 참여하도록 했다. 이어서 보어는 미국으로 건너가 핵무기를 개발하는 맨해튼 프로젝트에 참여한 과학자들을 만나 조언자 역할을 했다.

하지만 보어는 처음부터 끝까지 핵무기를 만드는 데 반대했으며, 영국 총리 윈스턴 처칠과 미국 대통령 프랭클린 루스벨트를 만나 핵무기의 위험성을 경고했다. 하지만 이들은 보어의 경고를 심각하게 받아들이지 않았고 오히려 보어가 핵 개발 관련 정보를 상대 진영에 넘길까 염려하여 그를 감시하기도 했다.

보어는 전쟁이 끝난 뒤에도 핵무기 반대 운동을 열심히 벌였고, 유엔에도 편지를 보내 세계 여러 나라가 군대에 들이는 비용을 줄이고 인류의 진보를 위해 서로 협력해야 한다고 강조했다.

영광을 뒤로 하고

1945년 전쟁이 끝난 뒤 보어는 코펜하겐으로 돌아왔다. 전쟁을 겪고 난 유럽은 여러 나라가 참여하는 공동 물리학 연구소가 꼭 필요하다고 생각했다. 보어는 이 연구소를 만드는 일을 적극적으로 도왔고 드디어 1952년 유럽 입자물리연구소(CERN)가 스위스 제네바에 문을 열었다. 오늘날 전 세계에서 사용하는 월드 와이드 웹(WWW)이 바로 CERN에서 탄생하기도 했다.

보어는 헤아리기 어려울 정도로 많은 훈장과 상을 받았다. 덴마크 정부는 그에게 왕족과 국가 원수에게만 주던 코끼리 훈장을 수여했는데, 이는 보어 개인뿐 아니라 덴마크 과학자 모두에게 주어진 영광이었다.

이런 보어도 해내지 못한 일은 있었다. 전쟁으로 멀어진 하이젠베르크와의 관계는 다시 가까워지지 않았다. 또한 아인슈타인에게 양자 역학을 설득하지도 못했다.

보어가 세운 현대 물리학의 커다란 기둥인 양자 역학은 과학뿐 아니라 철학에도 영향을 미쳤다. 특히 동양 철학, 불교 철학에서도 양자 이론의 개념과 전통 철학을 연결하는 노력을 했다. 보어는 계속 글을 썼다. 그가 만년에 쓴 글은 물리학과 삶, 종교, 인간, 철학, 생물학 등의 관계에 관한 것이었다.

1962년 11월 18일, 닐스 보어는 갑작스러운 심장 이상으로 세상을 떠났고, 그의 유해는 유언에 따라 화장되어 가족 묘지에 안장되었다.

도움닫기

방 안의 고양이는 죽었을까 살았을까?

'양자 역학'이라는 새로운 분야가 등장했을 때, 몇몇 과학자는 양자 역학의 개념에 동의하지 않았다. 동의하지 않은 대표적인 인물로는 알베르트 아인슈타인과 에르빈 슈뢰딩거가 있다. 오스트리아의 물리학자였던 슈뢰딩거는 '슈뢰딩거의 고양이'라고 불리는 사고 실험으로 양자 역학을 비판했다.

슈뢰딩거의 고양이 사고 실험

안을 들여다볼 수 없는 꽉 막힌 작은 방 안에 고양이 한 마리가 있다. 방 안에는 고양이 말고도 원자핵 붕괴로 나오는 방사선을 측정하는 가이거 계수기와 독극물이 들어 있는 유리병, 유리병 위에 달린 망치가 있다. 또한 가이거 계수기 안에는 1시간에 50%의 확률로 원자핵 붕괴가 일어나는 방사성 물질이 담겨 있다. 방 안에서는 다음과 같은 두 가지 사건이 일어날 수 있다.

1. 원자핵 붕괴가 일어나고 방사선이 나온다. (확률 50%)

→ 가이거 계수기가 이를 감지하면 유리병 위의 망치와 연결된 선을 풀어버린다.

→ 망치가 떨어져서 독극물이 든 병이 깨진다.

→ 병에서 흘러나온 독극물 때문에 고양이가 죽는다.

2. 원자핵 붕괴가 일어나지 않는다. (확률 50%)

→ 아무 일도 일어나지 않고 고양이는 살아있다.

1시간 후, 고양이는 죽었을까 아니면 살아있을까? 상식적으로 생각해 보면 고양이는 50%의 확률로 죽었거나 살아있을 것이다. 그런데 양자 역학의 관점에서 보면 고양이는 살아있는 동시에 죽어있다. 그러다가 문을 열고 들여다보면 그제야 비로소 살아있는지 죽었는지 그 상태가 결정되는 것이다. 이는 '이중 틈 실험'에서 사진을 찍자 전자가 파동이 아닌 입자로 보이는 것과 같다.

고양이의 상태. 기존의 상식에 따르면 50%의 확률로 살거나 죽지만, 양자 역학의 설명에 따르면 살아있는 고양이와 죽은 고양이의 상태가 중첩되어 있다.

슈뢰딩거는 양자 역학의 가정이 터무니없다는 것을 보여주기 위해 이 사고실험을 고안했다. 고전 물리학에서는 작은 입자에서 나타나는 현상은 당연히 눈으로 관찰할 수 있는 커다란 대상에서도 나타나야 한다고 가정했다. 그러니 양자 역학의 개념에 따라 원자보다 작은 미립자에서 두 가지 서로 다른 상태(예를 들어 '입자'와 '파동')가 동시에 존재할 수 있다면, 고양이도 살아있는 동시에 죽은 상태가 중첩되어 동시에 존재한다는 결론을 내려야 한다는 것이다. '살아있는 동시에 죽은 고양이'라는 생각이 터무니없다면 양자 역학의 기본 개념도 잘못된 것이라는 주장이었다.

그런데 오히려 '슈뢰딩거의 고양이' 사고 실험을 통해 양자 역학의 기본을 쉽게 이해할 수 있었다. 그래서 양자 역학을 지지하는 사람들이 이 사고 실험을 오히려 적극적으로 알렸고, 이 결과 슈뢰딩거의 고양이는 과학자가 아닌 사람들도 한 번쯤은 들어본 유명한 이야기가 되었다. 이후 양자 역학은 계속 발전하여 양자 역학이 다루는 세계가 우리가 눈으로 보는 세계와는 완전히 다르다는 것을 밝혔고, 이 세계에서는 두 상태가 동시에 존재한다는 것도 과학적으로 증명해냈다.

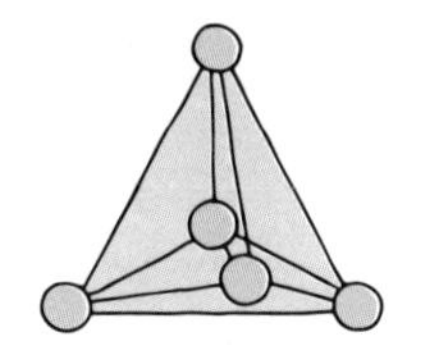

11장

DNA 이중 나선 구조를 발견하다

제임스 왓슨

James Watson, 1928~

그리고

프랜시스 크릭

Francis Crick, 1916~2004

케임브리지 대학 캐번디시 연구소 앞에는 1667년 문을 연 오래된 펍이 있었다. '독수리'라는 이름의 이 가게는 캐번디시 연구소에서 일하는 사람들이 즐겨 점심을 먹고, 저녁에는 술도 한잔씩 하는 곳이었다. 프랜시스 크릭과 제임스 왓슨도 늘 이 가게에서 점심을 먹었다.

그림 11-1 독수리 가게의 간판

1953년 2월 28일 점심을 먹는 사람

그림 11-2 가게 벽에 붙어있는 왓슨과 크릭의 발견을 기념하는 패

들로 붐비던 가게에 흥분해서 뛰어 들어온 프랜시스 크릭은 가장 큰 목소리로 이렇게 외쳤다.

"우리가 생명의 비밀을 발견했다!"

왓슨과 크릭은 막 DNA•의 구조를 알아낸 참이었다. 이들의 발견은 몇 달 후 세상에 알려졌고, 이 발견으로 두 사람은 1962년에는 노벨상의 영광을 안았으며 훗날 생명과학 분야가 발전할 수 있는 토대를 만들었다. DNA 구조를 발견할 당시 왓슨은 25세, 크릭은 37세의 젊은이였지만, 그날 이후 과학의 역사에 불멸의 이름을 남겼다.

• DeoxyriboNucleic Acid, 데옥시리보핵산

두 명의 과학자와 유전학 연구

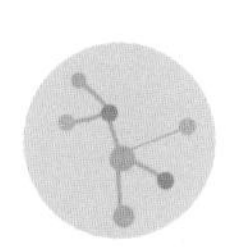

제임스 왓슨, 조류학에서 유전학으로

그림 11-3 제임스 왓슨

제임스 왓슨은 1928년 미국 시카고에서 태어났다. 가정 형편이 그리 넉넉하지는 않았지만 학교에서 왓슨은 똑똑한 아이로 소문이 났고, 라디오 퀴즈 프로그램에서 우승을 차지하기도 했다. 하지만 비쩍 마른 체구에 운동도 잘하지 못했고, 자기 생각을 숨김없이 이야기하며 사교적이지 못했기 때문에 친구들 사이에서 그리 인기는 없었다고 한다. 왓슨의 취미는 새를 관찰하는 것이었는데, 같은 취미를 가지고 있던 아버지를 따라다니며 얻은 것이었다.

당시 왓슨이 살던 도시에 있던 시카고 대학은 재능 있는 아이를 찾아 일찍부터 대학 입학을 허가해 주었다. 왓슨도 15세가 되었을 때 일찌감치 시카고 대학에 입학할 수 있었다. 시카고 대학에서 왓슨은 자기가 좋아하는 조류학을 공부했는데 나이는 다른 학생보다 어렸지만 성적은 뛰어났다.

왓슨은 대학에서 처음으로 DNA에 대해 배웠고, 생명의 근본을 이루는 '유전자'를 연구하는 것이 새를 연구하는 것보다 중요하다고 생각해서 유전학을 공부하기 시작했다.

1947년 왓슨은 시카고 대학을 졸업하고 인디애나 대학의 대학원에 들어가 박테리아•를 연구했다. 그는 여전히 촌스럽고, 예의도 잘 지키지 않고, 친구도 별로 없는 학생이었지만 실력만큼은 뛰어났다.

프랜시스 크릭, 물리학에서 생물학으로

프랜시스 크릭은 1916년 영국 노샘프턴셔주에서 태어났다. 아버지는 작은 구두 가게를 운영했다. 크릭은 어린이용 백과사전을 읽으며 과학에

• 세균, 지구에서 가장 초기에 등장한, 세포 하나로 이루어진 생명체로 병을 일으키기도 하고 물질이 썩거나 발효하는데 작용을 한다.

관한 호기심을 키웠고, 수학, 물리학, 화학 등에 뛰어난 재능을 보였다. 호기심이 많던 어린 시절의 크릭은 "어른이 되는 동안 다른 사람들이 새로운 것을 모두 발견해 자신이 더 알아낼 것이 없어질지 모른다"라고 걱정할 정도였다.

그림 11-4 프랜시스 크릭

1934년에는 런던 대학의 유니버시티 칼리지에 입학해서 물리학을 전공했다. 그가 대학원에 다니던 중 제2차 세계대전이 발발했고, 1939년에는 크릭이 연구하던 실험실이 독일군 폭격에 의해 파괴되어 더는 물리학 연구를 계속할 수 없게 되었다. 1940년 크릭은 영국 해군에 들어가 적의 배가 다가오면 소리나 자기의 변화를 미리 알아채고 폭발하는 기뢰••를 개발했다.

전쟁이 끝난 뒤 크릭은 해군을 떠나 못다 한 공부를 더 하기로 마음먹고, 1947년 케임브리지 대학에 들어가 생물학을 공부했다. 당시 생물학을 연구하는 데에 물리학과 화학 지식이 중요하게 여겨지기 시작했고, 크릭은 대학에서 공부했던 지식을 바탕으로 생물학 연구에 크게 이바지했다. 1949년에는 캐번디시 연구소로 옮겨 생물학 연구를 계속했다.

•• 적의 배를 파괴하기 위해 물에 설치하는 폭탄

왓슨과 크릭의 만남

인디애나 대학에서 박사 학위를 받은 왓슨은 1951년 영국 캐번디시 연구소로 건너왔고, 여기서 크릭을 만나 함께 DNA에 관한 연구를 시작했다. 두 사람은 처음부터 잘 어울렸고 금방 친해졌다. 두 사람 모두 'DNA의 특징과 역할을 알아내는 것이 유전학 연구에 무엇보다 중요하다'라고 생각했으며, 예의를 차리기보다는 자기 생각을 솔직하고 거침없이 털어놓는 스타일이었다. 또한 왓슨은 생물학을 전공했고, 크릭은 물리학을 전공했기 때문에 서로의 장점을 잘 살릴 수 있었다. 그렇게 23세의 왓슨과 35세의 크릭은 이미 수많은 뛰어난 학자들이 경쟁하고 있던 DNA 연구에 뛰어들었다.

멘델의 유전 법칙

오랜 옛날부터 사람들은 부모의 특징이 자식에게 전해진다는 것을 알았다. 이처럼 부모의 체질, 형태, 성격 등(형질)이 자식에게 전해지는 것을 '유전'이라고 하며, 생물의 유전에 관해 연구하는 학문이 '유전학'이다. 이때 부모의 형질을 전해서 후손에게 나타나게 하는 물질이 '유전자' 또는 '유전인자'다.

《종의 기원》이 나올 무렵 오스트리아 성 토마스 수도원의 수도사인 그레고어 멘델이 유전의 법칙을 밝혔다. 농부의 아들로 태어나 어려서부터 농사와 원예 일에 익숙했던 멘델은 어려운 가정 형편 때문에 대학에

가는 것을 포기하고 수도원에 들어가 성직자가 되었다. 멘델은 수도원의 지원을 받아 빈 대학에서 2년 동안 물리학, 화학, 생물학, 수학 등을 공부했다. 그 후 수도원에 딸린 자그만 뜰에서 완두를 기르면서 부모의 형질이 어떻게 전해지는지를 연구했다. 그는 1865년 자신의 연구 결과를 발표했지만, 사람들의 관심을 받지는 못했다.

시간이 흘러 1900년 오스트리아, 독일, 네덜란드의 세 생물학자가 저마다 유전 법칙을 연구하다가 멘델이 이미 35년 전 밝혀 놓은 사실을 알게 되었다. 이들을 통해 멘델의 연구는 다시 빛을 보았으며, 그의 발견은 '멘델의 법칙'이라고 불리게 되었다.

멘델이 발견한 유전 법칙은 부모의 형질이 혼합되지 않고 따로따로 전해진다는 것을 보였는데, 키 큰 완두와 키 작은 완두를 교배해서 생긴 완두콩을 다시 심어서 키우면 중간 키의 완두가 자라는 것이 아니라, 4분의 3의 확률로 키 큰 완두가, 4분의 1의 확률로 키 작은 완두가 자라났다.

그림처럼 어떤 완두가 AA와 aa라는 한 쌍의 유전인자를 가지고 있다고 해보자. 'A'는 키가 큰 형질을, 'a'는 작은 키의 형질을 나타낸다. 두 완두를 교배하면 두 인자는 서로 조합되어 AA, Aa, aA, aa의 쌍을 이룬다. 그런데 이때 A의 형질이 가장 드러난다. 그래서 AA, Aa, aA 유전인자를 가진 완두는 모두 키가 크고, aa만 키가 작다. 이렇게 늘 드러나는 유전인자를 '우성인자', 우성인자와 함께 있으면 드러나지 않는 유전인자를 '열성인자'라고 부른다.

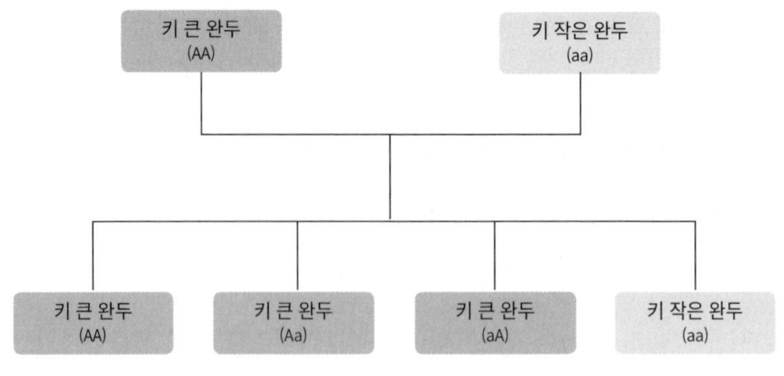

그림 11-5 멘델의 유전 법칙

유전자의 정체를 찾아라

유전 법칙과는 별개로 사람들은 유전자는 무엇이며, 유전자가 어디에 존재하는지 찾으려 했다. 17세기에 생물체를 이루는 기본 단위인 세포가 발견되었고, 19세기에는 세포 안에서 핵(세포핵)을 발견했다. 19세기 말에서 20세기 초에 이르자 과학자들은 발달한 현미경으로 세포의 내부를 자세히 관찰할 수 있었다.

1870년대 독일의 생물학자 발터 플레밍은 세포핵 안에서 물감에 염색이 잘 되는 물질인 '염색체'를 발견했는데, 염색체는 세포가 분열할 때 둘로 나뉘어 각각 새로운 세포로 들어갔다. 미국의 유전학자 월터 서턴은 한 쌍으로 되어 있는 염색체가 멘델이 말한 유전인자의 운반 물질이라는 것을 알아냈고, 이후 계속되는 연구에서 과학자들은 유전 물질이 염색체에 있다는 사실을 밝혀냈다.

그런데 염색체는 크게 단백질과 핵산으로 이루어져 있고, 핵산에는 DNA와 RNA(리보핵산)라는 물질이 있었다. 과학자들은 처음에 우리 몸의 대부분은 단백질로 만들어져 있으며, 단백질의 구조가 매우 복잡해서 유전자가 전달하고자 하는 정보를 담기 좋을 것이기 때문에 단백질이 유전을 담당할 것으로 생각했다.

유전 물질은 DNA다

유전자가 단백질에 담겨 있으리라는 생각은 1920년대에 들어서면서 무너졌다. 1928년 영국의 의사 프레데릭 그리피스는 폐렴쌍구균*을 이용한 실험을 했다. 이 균에는 아무런 해를 끼치지 않는 R형과 폐렴을 일으키는 S형이 있었다. 쥐에게 R형을 주사하면 쥐는 멀쩡했고, S형을 주사하면 금방 죽었다. 그리고 열을 가해서 병균을 죽인 S형을 주사하면 쥐는 아무렇지 않았다.

특이한 현상은 R형과 열을 가해서 병균을 죽인 S형을 함께 주사할 때 일어났다. 쥐는 죽어버렸고, 죽은 쥐의 몸에서는 S형 균이 나왔다. 열을 가해 파괴된 S형에 남아있던 어떤 것이 R형에 들어가서, R형이 S형으로 변한 것이다. 이 현상을 '형질 전환'이라고 부른다. 그런데 열을 가하면 단백질의 성질은 바뀌기 때문에, 균의 형질 전환은 단백질 때문이 아니라는 사실을 알 수 있었다.

* 폐렴을 일으키는 주원인이 되는 병균

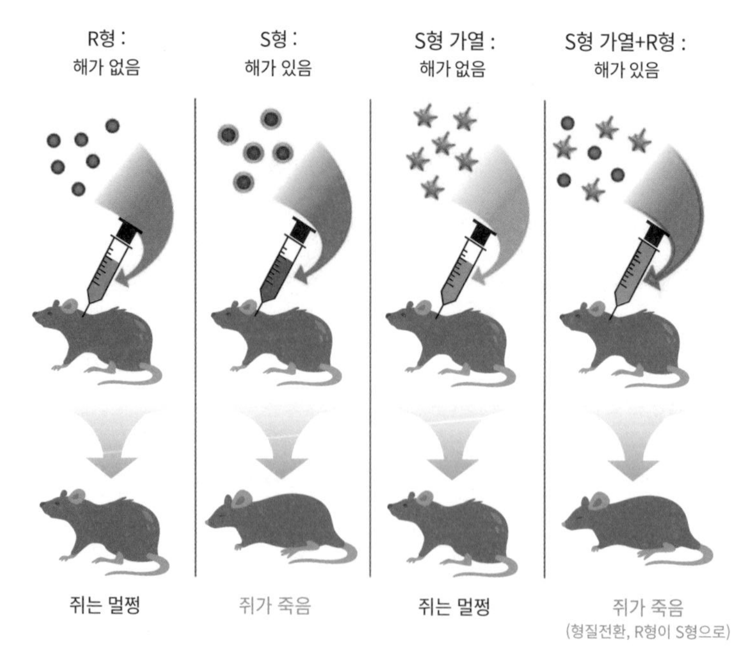

그림 11-6 그리피스 실험

1944년 캐나다의 오즈월드 에이버리는 형질 전환을 더욱 정밀하게 실험해서 DNA가 파괴되면 형질 전환이 일어나지 않는다는 사실을 밝혀냈다. 이 실험으로 유전인자가 DNA에 담겨 있다는 것이 증명되자 연구자들은 DNA의 구조와 DNA가 유전과 관련된 정보를 담아 전달하는 방식을 찾아내려 했다.

DNA 구조를 밝히는 경쟁을 하는 세 팀

DNA의 구조를 밝히는 데 힘을 쏟던 학자는 왓슨과 크릭만이 아니었다.

당시 DNA 구조를 밝히는 데 가장 앞선 주자는 같은 영국의 킹스칼리지에서 X선을 이용해서 DNA를 촬영하는 방법을 사용한 모리스 윌킨스와 로잘린드 프랭클린이었다. 하지만 이 두 사람은 사이가 좋지 않았기 때문에 결정적인 결과를 얻지 못했다. 특히 로잘린드 프랭클린은 X선 사진을 찍는데 매우 뛰어난 학자였지만 여자라는 이유로 여러 차별을 받고 존중받지 못했다.

또 다른 강력한 경쟁자는 노벨 화학상을 받은 라이너스 폴링*이었는데 그는 생명체의 분자 구조에 관해 연구했고, 1952년부터 DNA의 구조를 알아내려 했다. 왓슨과 크릭은 경쟁자들에 비하면나이도 어리고 상대적으로 알려지지 않은 도전자였다.

* 그는 1954년 노벨 화학상을 받았고, 핵무기에 반대하는 운동에 몸을 바쳐 1962년에는 노벨 평화상을 받았다. 과학상과 평화상을 둘 다 받은 유일한 사람이다.

이중 나선 구조를 발견하다

윌킨스와 크릭은 경쟁자인 동시에 서로 잘 아는 사이였다. 윌킨스는 왓슨과도 친해져 때때로 왓슨에게 자신의 연구에 관해 이야기 했다. 윌킨스는 1952년에 로잘린드 프랭클린이 찍은 DNA 사진을 왓슨에게 주었다. 프랭클린의 사진은 왓슨과 크릭의 연구에 영감을 주었다. 훗날 왓슨이 "사진을 본 순간 입이 탁 벌어지고 맥박이 쿵쿵거리며 뛰었다"라고 이야기할 정도였다.

왓슨과 크릭은 프랭클린의 사진을 계기로 '이중 나선 구조'의 DNA 모형을 구상했으며 1953년 2월 28일, 마침내 모형을 완성했다. 두 사람은 모형을 금속으로 만들어서 당시 생화학 분야의 권위자였던 라이너스

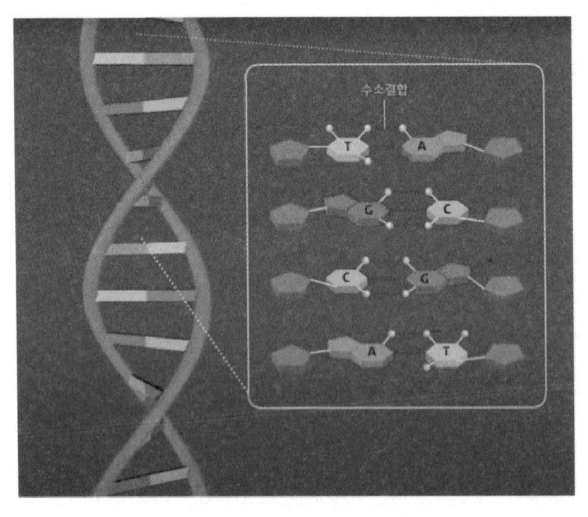

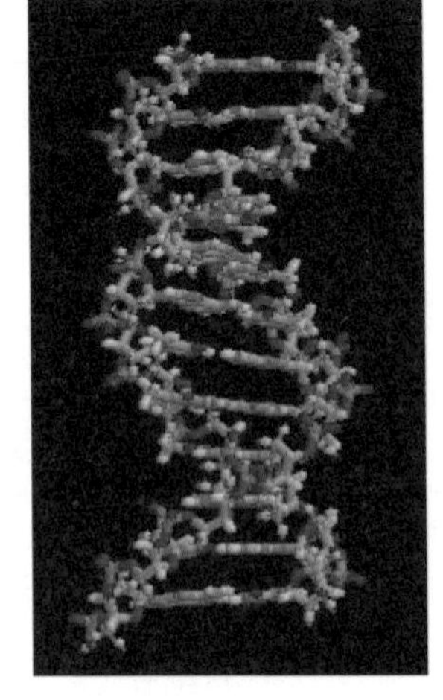

그림 11-7 DNA의 이중나선 구조와 염기의 결합 방식(왼쪽), 컴퓨터 그래픽으로 만든 모형(오른쪽)

폴링에게 인정을 받았다. 이후 유명한 과학 잡지 《네이처》에 〈DNA의 구조〉라는 짧은 논문을 발표했다. 이후 윌킨스의 논문과 프랭클린의 논문도 함께 발표되었고 마침내 DNA의 구조가 세상에 모습을 드러냈다.

왓슨과 크릭의 모형에는 그때까지 밝혀진 DNA에 관한 사실이 모두 들어가 있으면서도 단순했는데, 크릭은 "이토록 간단하면서 명쾌한 것은 틀림없이 올바르다"라고 이야기했다. 이 구조를 바탕으로 생명의 모든 정보가 DNA에 담겨 있는 원리와 세포가 분열할 때 DNA의 정보가 전달되는 과정, DNA가 단백질을 합성하는 과정도 밝혀졌다.

이중나선구조 발견 이후

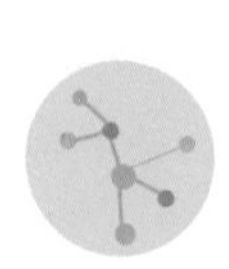

제임스 왓슨의 영광과 몰락

DNA의 이중나선구조를 발견한 후 왓슨과 크릭은 서로 자신의 길을 갔다. 1956년 왓슨은 미국 하버드 대학의 교수가 되었고, 1968년에는 미국의 생명과학연구소인 '콜드스프링하버 연구소'의 책임자가 되었다. 이 연구소는 뛰어난 인재들이 모여 있는 세계 최정상급의 연구소였다.

1990년에는 미국 국립보건연구원에서 주관하는 인간 유전체* 프로젝트의 책임자가 되어 32억 개에 달하는 인간 유전체의 염기쌍 순서를 모

* DNA에는 유전 정보가 아닌 부분도 있는데, 이를 모두 포함해서 유전체라고 부른다.

두 밝혀 지도를 그리는 작업을 진행했다. 왓슨은 1992년 프로젝트를 떠났지만, 연구는 계속되어 2003년 4월 인간 유전체 지도를 완성했다. 그는 1962년 미국에서 가장 중요한 남녀 100인에 선정되었으며, 1990년에는 20세기의 가장 중요한 미국인 중 한 명으로 뽑히기도 했다.

이처럼 영광을 누리던 왓슨은 2007년 흑인과 백인의 지능이 유전적으로 다르다는 인종 차별 발언으로 크게 비난을 받았다. 이 사건으로 40여 년간 소장으로 일하던 콜드스프링스하버 연구소에서 쫓겨났고 강연도 할 수 없게 되어 사실상 과학계에서 퇴출당하였다. 생활도 어려워져 2014년에는 노벨상으로 받은 메달을 경매에 내어놓기도 할 정도였다.** 하지만 그는 2019년에도 방송에 나와 흑인과 백인의 지능 차이가 유전적인 결과라는 주장을 다시 펼쳤다. 이에 콜드스프링스하버 연구소는 왓슨을 비난하고, 그에게 주었던 모든 명예직을 모두 박탈한다고 발표했다. 왓슨은 이에 특별히 대응하지 않았으며, 현재 교통사고로 얻은 병과 싸우며 조용히 지내고 있다.

프랜시스 크릭의 새로운 도전

프랜시스 크릭은 케임브리지에 남았지만, 교수가 되지는 못했다. 훗날 제임스 왓슨은 케임브리지 대학이 크릭에게 교수 자리를 주지 않은 것은 그 대학이 범한 가장 멍청한 행동이라고 비난했다. 1976년에는 미국에

** 경매에서 메달을 산 사람이 다시 왓슨에게 이를 돌려주었다.

있는 소크 연구소로 옮겨 연구를 계속했다.

그는 유전학과 분자생물학에 기울였던 열정을 인간의 '의식'을 탐구하는 데 쏟았다. 그는 인간 뇌의 내부를 들여다보고 신경세포의 연결, 흥분 등 활동을 통해 정신활동과 의식의 본질을 찾으려 했다. 또한 생명의 시작에도 관심을 가져 1981년에는 지구의 생명이 태양계 외부에서 운반되어 온 미생물에서 비롯된다는 주장을 펴기도 했다.

마지막 순간까지 인간의 의식 연구에 힘을 기울였던 프랜시스 크릭은 2004년 암으로 세상을 떠났다. 크릭이 죽은 후 사람들은 그에게 '20세기의 다윈'이라는 찬사를 보냈다.

왓슨과 크릭의 영향

왓슨과 크릭은 유전의 가장 중요한 정보를 담고 있는 DNA의 구조를 발견했다. 이것은 생명체의 설계도와 같은 것이었고 이 설계도를 활용해서 20세기 이후의 유전공학, 의학이 눈부시게 발전할 수 있었다.

1972년에는 바이러스와 대장균의 DNA를 연결해서 새로운 DNA를 인공적으로 만들어 냈고, DNA를 분석해서 개인에 맞는 치료법을 개발하는 것은 물론 이 사람이 어떤 질병에 취약한지도 미리 알 수 있게 되었다. 질병에 취약한 유전자를 없애거나 변형해서 병충해에 강하고 생산량이 많은 곡물을 만들기도 하고, 세포를 복제해 인공 생명체를 만들기도 했다. 또한 신종 바이러스에 저항하는 백신을 만드는데도 유전자 지식이 결정적으로 중요하다.

하지만 생명공학과 유전공학의 발전은 '과연 인간이 생명체를 만드는 것이 바른 일일까?', '국가에서 개인의 유전 정보를 다 알고서 나쁜 목적에 사용하면 어떻게 될까?', '유전자를 변형해서 만들어진 곡물이 인간에게 어떤 해를 끼칠까?' 등의 새로운 문제를 우리에게 던져주었고, 왓슨과 크릭의 뒤를 이은 사람들은 이 문제의 해결에 도전하고 있다.

도움닫기

유전이 더 중요할까, 환경이 더 중요할까?

인간의 유전자에 관한 연구가 진행되면서 사람들은 지능, 성격, 태도와 같은 여러 가지 개인의 특징이 태어날 때부터 유전으로 물려받아 정해지는 것인지, 아니면 자라나면서 교육, 문화, 경제 수준과 같은 외부 환경에 따라 변하는지에 관심을 가졌다. 19세기 말 영국의 인류학자 프랜시스 골턴*이 '인간의 지능, 도덕성과 같은 특징은 생물학적으로 유전되고, 타고난 본성이 양육보다 중요하다'라는 주장을 펼친 이래 '유전'과 '환경' 중 무엇이 먼저인가 관한 논쟁이 계속되었다.

유전과 본성이 앞선다고 믿는 '생물학적 결정론'은 인간의 행동이 생물학적 특성에 의해 결정된다고 주장했다. 그들은 인종에 따른 차이와 남성과 여성 간 지위와 부, 권력의 불평등이 자연으로부터 주어진 특성 때문이라고 주장했다. 만일 인간 행동의 차이가 생물학적으로 결정된다면, 즉 유전자로 대대로 물려받은 것이라면 현재 상태를 개선하고 변화하기 위한 노력도 필요가 없어진다. 또한 이 주장은 아리안족의 우월성을 주장하며 유대인과 집시, 정신 질환자와 장애인을 학살했던 나치와 같은 잘못된 인종주의로 빠질 위험이 있다.

제2차 세계대전 이후 많은 학자가 이런 생물학적 결정론의 위험을 지적했다. 그리고 인간의 특성에는 그가 자라는 사회의 특징, 문화의 성격, 경제 수준,

• 찰스 다윈의 사촌 동생이었다

학교 교육 등이 중요하다는 점도 밝혔다. 예를 들어 남성이 여성보다 더 나은 공간지각 능력을 갖춘 이유는 남성과 여성의 생물학적 차이 때문이 아니라 보호자와 교사들이 남자아이들에게 공간지각이 더 중요하다고 가르치기 때문이다.

반면 '인간은 많은 특징을 본래 타고난다'라는 증거도 있다. 심리학자들은 유전적 특성이 같은 일란성 쌍둥이를 대상으로 연구했다.**

태어나자마자 다른 가정에 입양되어 멀리 떨어진 곳에서 서로 모르는 채 살던 일란성 쌍둥이는 같은 유전자를 지닌 채 다른 환경에서 살았다. 그래서 이들의 특성을 연구하면 유전과 환경이 각각 인간에게 어떤 영향을 미치는지 알 수 있었다. 만일 두 쌍둥이의 행동과 특성이 거의 같다면 타고난 본성이 더 영향을 미친다는 증거이며, 서로 다르다면 유전보다는 자라난 환경이 더 영향을 준다는 증거이다.

미국에서 태어난 지 27일 만에 떨어져서 38년을 살아온 쌍둥이를 연구해 보았더니 두 사람은 목소리, 맥박, 뇌파와 같은 생리적인 특성은 물론 성격과 지능도 거의 같았다. 그 외에 다른 쌍둥이를 대상으로 한 연구에서도 오래 떨어져 산 쌍둥이의 입맛, 사고방식, 능력, 태도, 관심사 등이 흡사하다는 것을 관찰했다. 하지만 이런 종류의 연구에는 오류가 있다고 주장하는 학자도 있기에 유전이 절대적이라거나 환경이 모든 것을 정한다고 결론 내리기는 어렵다. 본성과 양육, 유전과 환경을 둘러싼 논쟁은 아직 진행 중이다.

** 유전적 특징, 즉 DNA의 극히 일부가 다르다는 실험 결과도 있다.

12장

블랙홀과 우주의 탄생을 이야기하다

스티븐 호킹

Stephen Hawking, 1942~2018

1988년 4월 1일, 스티븐 호킹 박사가 쓴 《시간의 역사》가 출판되었다. 이 책은 일반인을 위한 물리학책으로 어려운 수식을 사용하지 않았다.(아인슈타인의 'E = mc²'는 예외였다.) 책의 내용을 소개하는 글은 당시 텔레비전 다큐멘터리 시리즈 〈코스모스〉로 전 세계적으로 이름이 알려진 천문학자 칼 세이건이 썼다. 《시간의 역사》는 나오자마자 깜짝 놀랄 만큼 인기를 끌었다. 영국 신문 베스트셀러에 무려 4년 이상이나 올랐고, 40여 개 언어로 번역되어 전 세계에서 천만 부 이상이 팔렸다.

스티븐 호킹은 이 책에서 "우주는 어디서 왔을까?" "우주는 어떻게 시작되었으며 무엇 때문에 시작되었을까?" "우주의 마지막은 있을까? 마지막이 있다면 어떻게 찾아올까?" 등의 질문을 던지고 자기 생각을 풀어나 갔다. 휠체어에 앉아 고개를 가누지 못하고, 말도 할 수 없어서 컴퓨터가 대신 의사를 전달하는 46세의 스티븐 호킹은 세계적인 유명인이 되었다.

책이 출간되기 25년 전인 1963년 1월, 막 케임브리지 대학교에 들어가 박사 과정을 공부하던 21세의 호킹은 루게릭병에 걸렸다는 충격적인 진단을 받았다. 그러나 기적처럼 병의 진행 속도가 느려져서 호킹은 연구를 계속할 수 있었다. 비록 몸은 점점 쇠약해져서 나중에는 움직이고 말하기도 어려워졌지만, 호킹은 우주의 기원, 진화, 운명을 다루는 학문인 '우주론'을 끝까지 탐구했다.

팽창하는 우주와 블랙홀

어린 시절의 호킹

스티븐 호킹은 제2차 세계대전이 한창이던 1942년 영국 옥스퍼드에서 태어났다. 가정 형편이 그리 풍족하지는 않았지만, 호킹의 부모님은 책과 음악을 사랑하며 아이들 교육을 매우 중요하게 여겼고 박물관에 자주 함께 가고는 했다.

1953년 세인트 올번스 학교에 들어간 호킹은 성적이 뛰어난 학생은 아니었다. 하지만 호킹에게는 무언가 독특한 점이 있어서 친구들과 선생은 그를 '아인슈타인'이라는 별명으로 불렀다. 학기가 지나면서 성적이 조금씩 오르긴 했지만, 호킹은 공부보다는 새로운 게임을 고안하고 배나

비행기 모형을 만드는 일을 즐겼다. 친구들과 함께 전화 교환대 등의 전기 기계장치를 활용해서 간단한 수학 계산을 하는 컴퓨터 LUCE를 만들기도 했다.

아버지는 호킹이 자신의 뒤를 이어 의사가 되기를 바랐다. 하지만 호킹은 사물의 근본을 알 수 있는 수학이나 물리학에 더 관심을 가졌다. 대학의 학비를 댈 만큼 가정 형편이 풍족하지 않았던 호킹은 열심히 공부해서 장학금을 받고 1959년 옥스퍼드 대학 유니버시티 칼리지에 입학했다.

좌절을 넘어서다

호킹은 특별히 자기를 드러내지 않는 학생이었다. 2학년 때부터는 옥스퍼드 대학 보트 클럽에 들어가 조정 경기 훈련에 열을 올렸다. 조정은 노를 젓는 배로 누가 빠른지를 겨루는 스포츠인데, 배를 몰려면 노를 젓는 사람 여럿과 배의 방향을 조절하는 키잡이 한 명이 필요했다. 키잡이는 몸이 너무 크거나 무거우면 오히려 배가 빠르게 나가는 데 방해가 되는데, 호킹은 덩치가 작아 키잡이에 어울렸다. 호킹은 공부보다도 강에서 노를 젓고 키를 잡는 연습을 더 많이 했다. 어려서는 수줍음을 타고 사람들과 잘 어울리지 않았지만, 보트 클럽에서 활동하면서 호킹은 좀 더 쾌활하고 사교적인 사람이 되었다.

졸업을 앞두고 열심히 공부한 호킹은 옥스퍼드 대학을 우수한 성적

그림 12-1 영국 템스강에서 벌어지는 조정 경기 모습. 오른쪽 보트가 옥스퍼드 대학팀이고 왼쪽은 케임브리지 대학팀이다.

으로 졸업했다. 1962년에는 케임브리지 대학 대학원에 입학해서 응용 수학과 이론 물리학을 공부하기 시작했다. 하지만 채 1년도 되지 않아 호킹은 큰 병에 걸리고 말았다.

손이 떨리고 말소리가 뚜렷하게 나지 않는 등 몸의 이상을 느낀 호킹은 큰 병원에 가서 검사를 받았다. 의사는 그가 근위축성측삭경화증(ASL)에 걸렸다고 진단했다. 루게릭병•이라고 알려진 이 병은 근육을 움직이는 신경세포가 점점 죽어가서 마음대로 몸을 움직이지 못하게 되고 결국에는 목숨을 잃는 무서운 병이었다.

병에 걸린 이들의 평균 생존 기간이 2년이라는 사실을 알고 호킹은

• 미국의 유명한 야구선수 루 게릭이 이 병에 걸렸기 때문에 일반적으로 루게릭병이라고도 한다.

좌절했다. 하지만 병실 옆 침대에 누워있는 백혈병에 걸린 어린 소년을 보고 "나보다 더 불행한 사람도 있는데 실의에 빠진 채 지낼 수는 없다"라고 마음을 다잡은 호킹은 남은 시간을 박사 학위를 위한 연구와 논문에 집중했다. 그리고 기적처럼 병의 진행 속도가 느려져서 호킹은 다시 학교로 돌아가 우주론 연구에 전념할 수 있었다.

그림 12-2 스티븐 호킹

팽창하는 우주

1929년 미국의 천문학자 에드윈 허블은 우주가 점점 팽창한다는 증거를 발견했다. 그는 빛이 관찰하는 사람에게 가까워지면 점점 보랏빛을 띠고, 멀어지면 붉은빛을 띠는 '도플러 효과'를 이용해서 우주의 여러 은하•의 거리를 측정했는데 놀랍게도 은하들이 우리에게서 빠른 속도로 멀어져 가는 것을 발견했다. 지구로부터 멀리 떨어진 은하일수록 더 빨리 멀어

• 항성, 행성, 다른 물질이 중력에 의해 묶여있는 거대한 천체의 무리. 태양계가 속한 은하를 우리 은하라고 한다. 우리가 관측 가능한 우주에는 약 1천 7백억 개의 은하가 있으리라 짐작한다.

그림 12-3 우리은하 상상도

져갔다. 마치 풍선 위에 찍어 놓은 두 점이 풍선을 불면 서로 멀어지는 것처럼, 이 발견은 우주가 팽창하고 있다는 증거였다.

허블의 발견으로 학자들은 우주가 팽창한다는 것을 사실로 받아들였다. 하지만 팽창하는 우주를 설명하는 이론들은 여전히 서로 달랐다.

정상 우주론과 빅뱅 이론

허블의 발견 이후 우주에 관한 생각은 크게 둘로 나뉘었다. 하나는 우주는 생겨날 때부터 계속 같은 형태로 끝없이 존재하며, 우주가 팽창하면 늘어난 부분을 새로 생겨난 물질이 메꾸기 때문에 어디에서나 밀도가 균일하다는 '정상 우주론'이다. 다른 하나는 우주가 아주 작은 점에서 대폭발을 일으켜 현재의 우주가 되었다는 '빅뱅 이론'이다.

지금은 빅뱅 이론이 우주의 표준 모델로 여겨지고 있지만, 호킹이 연구를 시작하던 1960년대까지 두 이론은 서로 팽팽하게 힘겨루기를 하고 있었고, 호킹의 지도교수는 정상 우주론을 지지하는 학자였다.

펜로즈의 특이점과 호킹의 이론

영국의 수학자이자 물리학자인 로저 펜로즈는 별이 점점 줄어들어 아주 작은 점이 되면 부피가 0이고 밀도가 무한대가 되는 특이점이 만들어진다고 주장했다. 이 특이점이 바로 엄청난 중력으로 빛을 포함한 모든 것을 사라지게 하는 '블랙홀'의 중심이다.

블랙홀은 별의 수명이 다하면 만들어진다. 태양과 같이 스스로 빛을 내는 별은 우주 공간에 흩어져 있는 수소, 헬륨, 다른 입자들이 모여 만들어지는데, 중심 부분에서 수소 핵융합이 일어나 빛과 열이 생겨나는 것이다. 오랜 시간 동안 계속되던 핵융합 반응이 끝나면 대부분의 별은 생명을 다하고 빛과 열을 잃어버린다. 그런데 태양보다 열 배 정도의 질량을 가진 별은 핵융합을 계속하다가 엄청나게 큰 폭발을 일으킨다. 폭발이 일어나면 별의 바깥 부분은 우주 공간으로 흩어지고 중심에는 10여 km의 작은 중성자별만 남는다. 이 중성자별은 크기는 작지만, 질량이 커서 밀도가 높고 아주 강력한 중력이 작용한다. 중성자별보다 더 질량이 큰 별은 블랙홀이 된다.

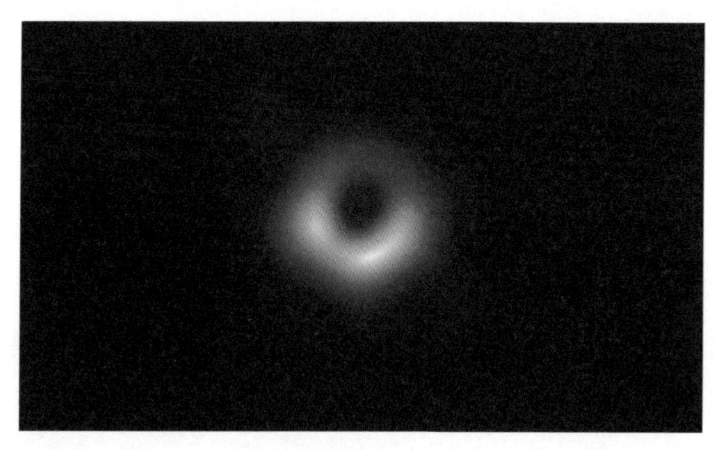

그림 12-4 태양의 약 70억 배 질량의 블랙홀을 직접 최초로 찍은 사진(이벤트 호라이즌 망원경, 2019년 4월 10일 공개)

블랙홀의 중력은 너무 강해 빛을 포함한 어떤 것도 빠져나가지 못한다. 중력이 강하다는 것은 이 영향을 벗어나기 위해 더 큰 힘이 필요하다는 의미다. 지구의 중력을 벗어나 우주로 나가려면 초속 11.2km로 움직여야 하지만 중력이 더 큰 목성을 벗어나려면 초속 60km의 이상의 속력이 필요하다. 만일 어떤 별의 중력이 더 커서 초속 30만 km, 즉 빛의 속도로도 벗어날 수 없다면 이 별에서는 빛도 탈출할 수 없다. 학자들은 아무것도 빠져나올 수 없는 깊은 구멍이라는 뜻으로 '블랙홀'이라는 이름을 붙였다.

펜로즈는 블랙홀의 존재 가능성을 수학으로 증명했다. 호킹은 이 이론을 듣고는 별이 만들어졌다 붕괴하여 특이점이 되는 시간을 거꾸로 돌려보고, 특이점으로부터 우주가 시작되었다는 이론을 만들었다. 즉 처음에 특이점이 있었고, 그 특이점이 폭발해서(빅뱅) 우주가 만들어졌다는 것이었다. 이 이론으로 팽창 우주론의 대표가 된 호킹은 펜로즈와 여러 해 같이 연구하면서 특이점에 관한 연구를 했다.

블랙홀의 정체를 밝혀라, 사건의 지평선

블랙홀에는 경계선이 있다. 이 선을 넘으면 모든 물체는 블랙홀의 중력에 빨려 들어가 버려 다시는 되돌아 나올 수 없다. 이를 '사건의 지평선'이라고 하는데, 사건의 지평선이 바로 블랙홀의 크기가 된다. 특이점을 중심으로 아무것도 빠져나올 수 없는 거리*를 반지름으로 하는 원을 그

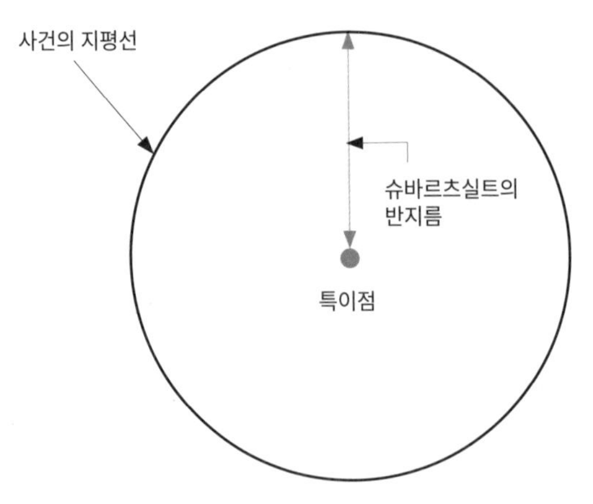

그림 12-5 사건의 지평선과 슈바르츠실트의 반지름

* 중력이 무한대인 천체가 존재한다는 것을 증명한 독일의 물리학자 카를 슈바르츠실트의 이름을 따 '슈바르츠실트의 반지름'이라고 한다.

리면, 그 원의 둘레가 사건의 지평선이다.

양자 역학을 이용하여 블랙홀 문제에 도전하다

호킹은 블랙홀에 관한 연구를 하면서 블랙홀끼리 충돌해서 하나로 합쳐진다면, 이때 새롭게 만들어지는 사건의 지평선은 두 블랙홀 각각의 사건의 지평선을 합한 것보다 커야 한다고 주장했다.•

이를 보고 멕시코 출신 물리학자 제이콥 베켄슈타인은 사건의 지평선이 열역학••의 법칙을 따른다고 생각했다. 사건의 지평선이 열역학 법칙을 따른다는 의미는 블랙홀도 열을 가지고 있다는 것이다. 그런데 열을 가지고 있는 모든 물체는 에너지를 방출한다. 하지만 블랙홀은 빛마저 빠져나올 수 없는데 어떻게 에너지를 방출할 수 있을까? 호킹은 이 문제를 풀기 위해 고민했고, 양자 역학 이론에서 해답을 찾았다.

호킹 복사, 블랙홀이 작아진다

20세기 이후 물리학의 두 축은 아인슈타인의 '상대성 이론'과 닐스 보어의 '양자 역학'이었다. 상대성 이론은 거대한 우주의 움직임을 설명하는 이론이었고 양자 역학은 원자보다 작은 세계를 설명하는 이론이었다.

• 2021년 MIT연구소의 과학자들은 두 블랙홀이 충돌하며 만들어진 새로운 사건의 지평선이 충돌하기 전 두 블랙홀의 합보다 크다는 것을 관찰했다.
•• 열(heat)과 힘에 관한 이론.

호킹은 사건의 지평선에서 발생하는 현상을 양자 역학의 이론으로 설명하고자 했다. 양자 역학에 따르면 완전한 진공이란 없다. 또한 진공에서도 아주 짧은 순간에 작은 입자와 그 입자와 질량은 같지만 전하가 반대인 반입자가 생겨나는데, 이를 '쌍생성'이라고 한다. 사건의 지평선 바로 밖에서도 쌍생성이 끊임없이 일어나며, 쌍생성에 필요한 에너지는 블랙홀로부터 나온다.

그런데 우연히 블랙홀이 입자와 반입자 중 하나만 빨아들이고, 하나는 탈출하는 경우를 상상해 보자. 밖에서 보면 탈출한 입자는 블랙홀에서 내보내는 에너지와 같은데, 이를 '호킹 복사'라고 한다. 블랙홀은 입자 하나만 빨아들였기 때문에 쌍생성에 들어간 에너지를 모두 회복하지 못했다. 결국 자기가 가지고 있는 에너지가 줄어들고, 에너지가 소모되는 만큼 질량이 줄어든다. 하지만 이 양이 아주 작기 때문에 블랙홀의 에너지를 다 쓰는 데는 우주가 존재했던 시간보다 더 오랜 시간이 걸린다.

호킹 복사가 진짜로 존재하는지는 아직 모른다. 과학자들은 사건의 지평선과 흡사한 실험 환경을 만들어서 호킹 복사가 있다는 것을 증명하거나, 우주에서 직접 이를 관찰하려는 노력을 계속하고 있다.

빅뱅 이전에는 무엇이 있었을까?

지금으로부터 약 138억 년 전쯤 '빅뱅'이라는 엄청난 폭발을 통해 우주가 탄생해서 팽창하기 시작했고, 폭발의 잔해들이 식어가면서 서로 엉겨 수 없이 많은 은하계가 만들어졌다는 이론이 바로 '빅뱅 이론'이다. 만일 우주가 큰 폭발로 생겨났다면 그때 발생한 빛은 우주 공간으로 퍼져나가 여기저기에 흩어졌을 것인데, 이를 '우주배경복사'라고 한다.

1963년 미국 벨 연구소의 천문학자인 아노 펜지어스와 로버트 윌슨은 안테나 실험 중 하늘에서 날아오는 이상한 잡음을 발견했다. 그들은 갖은 노력 끝에 드디어 이 잡음이 우주에서 날아오는 마이크로파, '우주배경복사'라는 것을 알아냈다. 이들의 발견으로 빅뱅 이론은 힘을 얻었다.

물리학자들은 빅뱅 이론을 받아들이면서 또 다른 질문을 던졌다. '빅뱅 이전에는 무엇이 있었을까?' 1980년대 초에 호킹은 제임스 하틀과 함께 이 문제를 연구했다. 빅뱅 초기의 우주는 원자보다 작은 상태였기 때문에 그들은 양자 역학의 이론을 도입해서 우주에는 시작도 끝도 없다는 '무경계 가설'을 세웠다.

지구의 북극점을 '특이점', '우주의 시작'이라고 해 보자. 어떤 사람이 북극점, 우주의 시작점에 도달하기 위해 계속 북쪽으로 걸어서 결국 북극점에 도달했다. 하지만 북극점에 도달해도 그 곳은 특별한 장소가 아니라 그냥 지구의 한 지점이고, 북극점을 지나 계속 걸어가면 방향이 바뀌어 북쪽이 아니라 남쪽을 향하게 된다. 호킹은 우주도 이와 같다고 생각했다. 만일 시간을 거슬러 빅뱅이 일어나는 특이점에 향한다 해도 특이점에 도달하는 것이 아니라 시간을 거슬러 다시 출발 시간으로 되돌아오게 된다는 것이다. 즉 우주는 탄생하지도 소멸하지도 않고 다만 존재할 뿐이다.

호킹의 유산

학계의 중요 인물이 되다

호킹은 학계에서 점점 중요한 인물이 되었다. 1977년에는 케임브리지 대학의 교수가 되었고, 많은 상과 명예 학위를 받았다. 1979년에는 케임브리지 대학 루카스 석좌 교수가 되었다. 이 자리는 최초의 자동 계산 기계를 만들었던 찰스 배비지와 만유인력의 법칙을 발견한 뉴턴도 거쳤던 매우 명예로운 자리였다. 1981년에는 로마 교황청 소속 학자들에게 무경계 가설을 강의하는 등 호킹은 여러 나라에서 초청을 받아 세계를 누비고 다녔으며, 열정적으로 논문과 책을 썼다.

건강이 악화되다

호킹은 1985년, 스위스를 방문하던 도중 폐렴에 걸려 쓰러지고 말았다. 호킹은 하마터면 목숨을 잃을 뻔했지만 살려고 하는 강력한 의지로 고비를 넘겼다. 하지만 기관지를 잘라내고 숨쉬기 편하도록 튜브를 집어넣었기 때문에 호킹은 말하는 능력을 잃었고 24시간 내내 간호사의 돌봄을 받아야 했다.

건강을 회복한 후에도 다른 사람과의 의사소통은 어려웠던 호킹에게 미국의 컴퓨터 전문가인 월트 볼토즈가 자신이 개발한 프로그램을 보냈다. 이 프로그램은 화면에 등장하는 단어를 특수 마우스를 누르면 컴퓨터가 이를 말소리로 바꿔주었다. 자기 뜻을 더욱 정확하게 다른 사람에게 전달할 수 있게 된 호킹은 다시 세계를 여행하며 강연을 했다.

세계적인 유명인이 되다

1988년 《시간의 역사》 출판 이후 호킹은 다양한 매체에 등장했다. 1993년에는 티비 드라마 〈스타트렉, 더 넥스트 제너레이션〉 에 홀로그램으로 출연해서 역시 홀로그램으로 등장한 뉴턴, 아인슈타인과 함께 포커 게임을 했다. 그 외에도 만화 영화 〈심슨 가족〉에 등장했고 티비 드라바 〈빅뱅 이론〉에도 출현했다. 그를 주인공으로 하는 영화도 여러 편 나왔다.

전 세계에서 그를 초청해서 강연을 들었다. 호킹은 우리나라에도 두 차례나 방문했다. 1990년에는 서울대학교를 찾아 '우주의 기원'에 관해

그림 12-6 각종 미디어에 등장한 호킹, 스타트렉(왼쪽), 심슨가족(가운데), 빅뱅 이론(오른쪽)

이야기했고, 2000년에는 청와대에서 대통령을 만나고 '간략히 살펴본 우주'라는 주제를 강연했다. 그는 연예인보다 더 유명한 물리학자가 되었다. 사람들이 호킹에 열광한 것은 과학적 업적에 관한 존경 때문만은 아니었다. 장애가 있음에도 용기를 가지고 긍정적인 태도로 살아가는 모습에 물리학을 잘 모르는 보통 사람들도 감동했다.

인류의 미래를 준비하라

대중적인 인기를 얻은 호킹은 물리학뿐 아니라 다양한 분야에 관한 자신의 의견을 이야기했다. 그는 인공 지능이 인간보다 더 빠르게 발전해서 혹시나 인류의 목적과 다르게 활용될 것을 걱정했다. 또한 컴퓨터 바이러스의 위협, 인터넷을 범죄와 테러에 악용하는 문제점에 대해서도 경고했다. 나아가 핵전쟁, 지구 온난화와 기후 변화, 유전자 변형 바이러스의 위험을 이야기하며 이런 재앙이 발생해 인류의 생존이 위협받기 전에 우주로 나아가 인류가 살만한 다른 별을 찾아야 한다고 주장했다. 2017

그림 12-7 2000년 우리나라를 방문해 대통령과 대화를 나누는 호킹(대통령기록관)

년 방송에서는 앞으로 100년 이내에 이런 준비를 마쳐야 한다고까지 강조했다. 호킹은 인류의 미래에 위협이 닥치더라도 과학 기술의 발전으로 위협을 극복할 수 있다고 믿었다.

호킹이 남긴 것

2018년 3월 14일, 호킹의 자녀들은 호킹의 죽음을 알렸다. 기계에 몸을 의지했지만 꿋꿋한 정신으로 우주의 비밀을 파헤치던 호킹의 죽음을 수많은 사람이 애도했다. 그의 장례식은 케임브리지 대학에서 거행되었고, 화장을 마친 그의 유해는 뉴턴과 다윈이 잠든 웨스트민스터 사원에 안장되었다.

그림 12-8 2007년 무중력을 경험하는 호킹(2007)

인류는 호킹이 연구한 블랙홀과 우주의 기원에 대해 아직도 많은 것을 알지 못하며, 많은 과학자가 이 비밀을 풀기 위해 도전하고 있다. 호킹은 물리학 지식보다 더 큰 것, 좌절하지 않고 고집스럽게 도전하는 위대한 인간의 모습을 우리에게 남겼다.

도움닫기

모든 힘을 한 번에 설명할 수 있는 이론이 존재할까?

자연에는 중력, 전자기력, 약한 핵력, 강한 핵력 4가지 힘이 존재한다. '중력'은 질량을 가진 두 물체 사이에 작용하는 힘이다. 네 가지 힘 중에서 가장 약하고, 당기는 힘만 존재한다. '전자기력'은 전기를 띤 입자가 서로 밀치거나 당기는 힘이다. 빛, 마찰, 생물체의 세포 분열 등 수많은 현상이 전자기력 때문에 일어난다. '약한 핵력(약한 상호작용)'은 원자의 핵이 붕괴하면서 나오는 힘이다. 중력보다는 강하고, 전자기력보다는 약하다. '강한 핵력(강한 상호작용)'은 원자의 핵을 구성하는 힘이다. 원자핵은 양성자와 중성자가 뭉친 덩어리이다. 양성자는 (+)전하를 띠고 있어서 가까이 다가가면 서로 밀어내는 전자기력이 생긴다. 밀어내는 힘보다 더 큰 힘으로 뭉쳐야만 원자핵이 한 덩어리로 유지될 수 있는데, 이 뭉치는 힘이 바로 강한 핵력이다.

힘의 크기

강한 핵력 〉 전자기력 〉 약한 핵력 〉 중력

물리학은 서로 다른 현상과 원리를 하나로 통합하면서 발전해 왔다. 과거에는 우주에서 별이 움직이는 법칙과 땅에서 사물이 움직이는 법칙이 전혀 다르다고 생각했다. 하지만 뉴턴은 지구상 물체에 작용하는 힘이 우주 천체에도 동일하게 작용한다는 것을 밝혔으며 맥스웰은 전기와 자기의 힘을 합쳐 전자기력으로 설명했다. 아인슈타인은 시간과 공간을 하나로 묶었으며, 우주에 존재하는 모든 힘을 단 하나의 법칙으로 설명하려고 시도했다.

아인슈타인 이후에도 많은 물리학자가 모든 힘을 하나로 묶는 '통일장 이론'을 만드는 데 도전했다. 양자 역학이 발전하면서 1960년대 후반에는 전자기력과 약한 핵력을 하나로 하는 데 성공했으며, 1980년대에는 강한 핵력을 더해 묶는 이론까지 등장했다. 하지만 여전히 '중력'은 다른 힘과 함께 설명되지 못했다.

지금도 물리학자들은 우주의 원리를 설명할 수 있는 하나의 원리, 절대 이론이 있을 것이라 가정하고 이를 찾는 노력을 계속하고 있다. 그중에는 '우주가 1차원의 끈으로 이루어져 있으며, 세상에는 11차원이 존재한다'라고 가정하는 '초끈 이론'이 있다. 이 가정에 따라 수학적으로 4개의 힘을 하나로 합칠 수 있다. 하지만 이 이론은 실험으로 입증할 방법도 없고, 계산하거나 증명할 방법도 없다. 그래서 초끈 이론이 실패한 이론, 혹은 이론도 아니라고 혹평하는 물리학자도 많다. 물리학의 오랜 과제인 통일장 이론이 완성될 수 있을지는 아직 누구도 장담할 수 없다.

지금까지 고대 문명의 탄생에서부터 21세기 물리학까지 과학이 어떻게 발전했는지 중요한 인물의 생애와 업적을 중심으로 알아보았다. 하지만 이 책은 수많은 위대한 과학자 중에서도 일부의 이야기를 골라서 전했을 뿐이라 미처 소개하지 못한 훌륭한 과학자들이 많다. 특히 원자론의 존 돌턴, 유전 법칙을 발견한 그레고어 멘델, 세균학의 권위자 루이 파스퇴르, 전기와 자기 현상을 연구한 제임스 맥스웰, 대륙이동설을 펼친 알프레드 베게너 등… 이들의 이야기는 다른 책에서 꼭 읽어 보았으면 한다.

계산 기계를 만든 찰스 배비지, 컴퓨터 과학의 선구자 앨런 튜링 등 컴퓨터와 정보통신 분야의 중요 인물은 《세상을 발칵 뒤집어 놓은 IT의 역사》 책에서 자세히 다루고 있기에 이 책에서는 제외했다. 또한 다윈만큼이나 사회, 문화에 큰 영향을 미친 정신 분석의 창시자 지그문트 프로이트는 《마음의 비밀을 밝혀라》에서 다른 유명 심리학자들과 함께 소개한다.

중학교 3학년 학생 10명 중 1명은 과학 수업을 제대로 이해하지 못하고, 수업을 50% 이상 이해하는 학생도 채 절반이 되지 않는다고 한다.(한국교육과정평가원, 2019) 부디 이 책이 물리, 화학, 지구과학, 생명과학 등 과학을 공부하는 학생에게 조금이라도 흥미를 북돋고 내용을 이해하는 데 도움이 되기를 바란다.

세상의 비밀을 밝힌

과학자들

원자에서 우주까지, 세상 모든 것을 탐구하다

초판 1쇄 발행 2022년 4월 25일
4쇄 발행 2023년 9월 18일

글 박민규
펴낸이 박유상
펴낸곳 빈빈책방(주)
편집 배혜진 · 정민주
디자인 김민주

등록 제2021-000186호
주소 경기도 고양시 덕양구 중앙로 439 서정프라자 401호
전화 031-8073-9773
팩스 031-8073-9774
이메일 binbinbooks@daum.net
페이스북 /binbinbooks
네이버 블로그 /binbinbooks
인스타그램 @binbinbooks
ISBN 979-11-90105-45-3 43400

• 책값은 뒤표지에 있습니다. 잘못 만들어진 책은 구입하신 곳에서 교환해드립니다.